CONSEIL SUPÉRIEUR
DE LA RECHERCHE
ET DE LA TECHNOLOGIE

Jeunes chercheurs et jeunes enseignants-chercheurs

Statut et conditions de travail

La **documentation** Française

ISBN : 978-2-11-006953-5

Préface

Dans le contexte de compétition mondiale de l'intelligence auquel notre nation est confrontée, notre université doit mieux encore s'adapter aux besoins de notre société, affirmer son excellence scientifique et offre aux étudiants les conditions d'une réussite sociale et personnelle fondée sur le travail et le mérite.

Un tel impératif passe nécessairement par une réforme de l'organisation et du fonctionnement des universités, dont les compétences et capacité d'initiative doivent être renforcées, afin de mieux structurer des réseaux de recherche de niveau international.

La loi relative aux libertés des universités constitue à ce titre le socle d'un projet ambitieux, construit sur cinq piliers : la réussite en licence, l'amélioration des conditions de vie étudiante, la modernisation des conditions matérielles de l'exercice des missions de l'enseignement supérieur et de l'université ainsi que l'amélioration des carrières des personnels et de la condition des jeunes chercheurs et des enseignants-chercheurs.

Dans ce cadre, j'ai demandé au Conseil supérieur de la recherche et de la technologie d'établir un rapport sur le statut et les conditions de travail des jeunes chercheurs et jeunes enseignants-chercheurs.

Par sa large composition, représentative d'une part des communautés scientifiques et techniques et des différents secteurs de la recherche, et d'autre part du monde du travail, des secteurs productifs, sociaux, culturels et des régions, par la pertinence des réflexions qu'il a été amené à livrer au travers de ses nombreux avis et rapports, le Conseil m'a en effet semblé le lieu approprié de l'écoute des partenaires, de la synthèse des propositions, et de la rigueur des recommandations.

La réflexion du Conseil a été concentrée sur la période allant de la formation doctorale aux six années qui suivent l'obtention du doctorat, autour des trois axes que sont la période de formation doctorale comme expérience professionnelle de la recherche, la valorisation du titre de docteur, et les conditions de recrutement des chercheurs et enseignants-chercheurs.

Les recommandations du CSRT devaient ainsi, en cohérence avec les objectifs de la nation en matière de parité, d'égalité des chances et de maîtrise de la dépense publique, éclairer la réflexion et la concertation engagées le 9 juillet 2007.

Le rapport présenté ci-après pose l'état du droit, synthétise les auditions réalisées au cours de l'été, et présente les propositions du CSRT autour des problématiques soulevées.

Je remercie l'ensemble des organisations et institutions qui ont été consultées, l'administration du ministère pour son appui, et tous les membres du Conseil supérieur de la recherche et de la technologie, pour leur contribution en faveur de l'université de demain.

Valérie PÉCRESSE
Ministre de l'enseignement supérieur
et de la recherche

Avant-propos

Décret n° 82-1012 du 30 novembre 1982 modifié relatif au Conseil supérieur de la recherche et de la technologie (version consolidée au 15 mai 2007)

> Art. 1 – Pour tous les grands choix de la politique scientifique et technologique du Gouvernement, le **Conseil supérieur de la recherche et de la technologie constitue l'instance de consultation du ministre chargé de la recherche**. Il contribue à assurer la concertation entre les acteurs de la recherche et la société.
>
> À cet effet, il participe à l'animation du dialogue et du partage de l'information scientifique et technique avec la communauté nationale.
>
> Le Conseil supérieur de la recherche et de la technologie est placé auprès du ministre chargé de la recherche et présidé par lui.

Dans le cadre de la réforme de l'enseignement supérieur lancée par les pouvoirs publics, le Conseil supérieur de la recherche et de la technologie a été chargé d'établir des recommandations sur l'un des chantiers de cette réforme, concernant le statut et les conditions de travail des jeunes chercheurs et des jeunes enseignants-chercheurs.

Le Conseil a constitué, à cette fin, une commission spéciale animée par Mme Isabelle de Lamberterie et MM. Henri Catz et Jean Frêne, et a identifié douze thèmes majeurs qui constituent la trame de ce rapport : chacun d'entre eux a fait l'objet de consultations avec les organisations représentatives de l'enseignement supérieur et de la recherche. D'autres acteurs et partenaires de la recherche en France ont également été associés à cette première phase de la réflexion devant permettre de placer les hommes et les femmes de science au cœur de notre politique de recherche.

Il est ici nécessaire, pour la bonne compréhension de ce rapport, de préciser deux éléments. D'une part, l'expression « jeunes chercheurs » s'entend pour la période comprise depuis les études doctorales jusqu'à six années après la fin de la thèse. Il s'agit du cadre de ce rapport. D'autre part, une partie des données et des annexes, aussi bien juridiques qu'analytiques, présentes dans ce document ont été fournies au Conseil par les services du ministère de l'Enseignement supérieur et de la Recherche. Le Conseil tient à les remercier de leur appui.

Puisse ce rapport et ses recommandations aider la réflexion des pouvoirs publics et des acteurs de la recherche en France, afin d'améliorer le statut et les conditions de travail des jeunes chercheurs et des jeunes enseignants-chercheurs, au service de la Nation.

Dominique CHAGNOLLAUD,
Vice-président du Conseil supérieur de la recherche et de la technologie

Lettre de mission

Ministère de l'Enseignement supérieur et de la Recherche

La Ministre

Paris, le 30 juillet 2007

Monsieur le Vice-président,

Le chantier «jeunes chercheurs» constitue l'un des piliers contribuant à la construction de la nouvelle université, dont le projet de loi relatif aux libertés des universités est le socle. Ainsi que je l'ai annoncé lors de l'ouverture de ce chantier lundi 9 juillet, et en application du décret n° 82-1012 modifié du 1er décembre 1982 relatif au Conseil supérieur de la recherche et de la technologie, notamment de son article 3, je souhaite que vous me fassiez part de vos recommandations sur le statut et les conditions de travail des jeunes chercheurs et jeunes enseignants-chercheurs.

La nouvelle donne que constitue l'articulation entre politique nationale et autonomie des établissements, d'une part, et la construction de l'espace européen de l'enseignement supérieur et de la recherche et d'un marché international de l'emploi scientifique, d'autre part, caractérisent le contexte dans lequel s'inscrit ce chantier. La réflexion que vous conduirez portera sur la période allant de la formation doctorale aux six années qui suivent l'obtention du doctorat, et s'articulera autour de trois axes.

Le premier portera sur la période de formation doctorale qui doit, davantage qu'aujourd'hui, être reconnue comme une expérience professionnelle de la recherche, formant de jeunes travailleurs créatifs et innovants. À ce titre, vous vous intéresserez notamment à la durée de la thèse, à la promotion de la pluridisciplinarité, au financement du doctorat, et aux expériences en entreprises proposées aux doctorants.

En second lieu, vous proposerez les voies d'une valorisation accrue du titre de docteur, en dehors des carrières académiques, dans le secteur public comme dans le secteur privé. Vous consulterez les partenaires sociaux, syndicats de personnels et d'entreprises, et étudierez en particulier les possibilités d'évolution des conventions collectives et du dispositif de bonification du crédit impôt recherche pour les entreprises qui recrutent des jeunes docteurs.

Enfin, vous vous intéresserez aux conditions de recrutement des chercheurs et enseignants-chercheurs du milieu académique, intégrant notamment les questions de rémunération, de décharge d'enseignement, de reclassement et d'âge de recrutement. Vous veillerez à ce que vos propositions soient compatibles avec nos objectifs ambitieux en matière de parité, d'égalité des chances et de maîtrise de la dépense publique.

Les recommandations que vous ferez éclaireront la réflexion et la concertation, qui, engagées le 9 juillet, s'amplifieront à compter du mois de septembre. C'est pourquoi je vous saurai gré de me remettre vos premières propositions, notamment sur le premier axe, pour le 14 septembre, le rendu final étant attendu pour le 30 septembre. Vous pourrez vous appuyer sur l'administration du ministère et notamment sur la mission de l'emploi scientifique à la direction générale de la Recherche et de l'Innovation, sur le service de la recherche universitaire à la direction générale de l'Enseignement supérieur et sur la direction générale des Ressources humaines et la direction des Affaires juridiques du secrétariat général.

Je vous prie d'agréer, Monsieur le Vice-président, l'expression de ma meilleure considération.

Valérie PÉCRESSE

Sommaire

2e AXE La valorisation accrue du titre de docteur en dehors des carrières académiques

3e AXE Les conditions de recrutement des jeunes chercheurs

Annexes

Avertissement

Le Conseil supérieur de la recherche et de la technologie souligne, en préambule, quelques-uns des points importants qui se sont dégagés durant les nombreuses consultations auxquelles ses membres ont participé.

Le déficit de reconnaissance de la thèse dans notre pays est d'abord un problème culturel. Pour surmonter cet obstacle, il convient non seulement de promouvoir ce diplôme, mais aussi d'inciter les écoles doctorales à se forger une identité sociale dans le monde de l'entreprise ainsi que dans la fonction publique.

Au terme d'une évolution qui peut prendre plusieurs années – le temps que des personnes formées selon les nouvelles méthodes parviennent aux postes de responsabilité – la connaissance réciproque devrait permettre une plus grande mixité des recrutements et un mélange des cultures qui représentent un enrichissement tant pour le monde industriel que pour la recherche.

À cette fin, le Conseil souhaite que le débat mené à l'occasion de ce chantier puisse se poursuivre entre les différents milieux concernés dans le but de lever méfiance et ignorance réciproques.

Il est apparu pertinent de séparer le sujet qui fait l'objet de ce rapport en trois parties. Tout d'abord, il s'agit d'analyser ce qui constitue le cœur du titre de docteur, à savoir la formation doctorale elle-même et le rôle des différents acteurs qui interviennent dans le processus. Ensuite, est abordée la valorisation de ce grade, autant dans le secteur privé que dans le secteur public. Enfin, l'après-thèse et le recrutement des jeunes chercheurs dans les carrières académiques viennent à la fois élargir et clore ce rapport.

AXE 1

La formation doctorale

THÈME I

Les écoles doctorales

État du droit

Un mouvement de recomposition des écoles doctorales (ED) a été engagé. Il a été renforcé par le nouveau cadrage national mis en place en 2006.

Avec l'entrée en vigueur de la **loi de programme n° 2006-450 du 18 avril 2006** pour la recherche, et la possibilité que cette loi offre de créer des pôles de recherche et d'enseignement supérieur, des réseaux thématiques de recherche avancée et des centres thématiques de recherche et de soins, les établissements et les organismes ainsi que leurs partenaires peuvent mettre en place des coopérations renforcées.

Dans **l'arrêté du 7 août 2006 relatif à la formation doctorale** sont précisées les missions que, dans le cadre de leur programme d'actions, les écoles doctorales doivent remplir. Là encore, des mises en commun peuvent s'avérer utiles pour permettre aux établissements de proposer une offre de formation doctorale de plus grande qualité :

• Les écoles doctorales sont définies dans le cadre de la politique scientifique d'un établissement, ou le cas échéant des politiques scientifiques des établissements qui y apportent leurs forces scientifiques :

Article 6 de l'arrêté du 7 août 2006 relatif à la formation doctorale : « les écoles doctorales sont accréditées, après une évaluation nationale, par le ministre chargé de l'enseignement supérieur ***dans le cadre du ou des contrats d'établissement****, lorsqu'ils existent, et au maximum pour la durée des contrats. »*

• Une école doctorale est un dispositif de formation doté d'une gouvernance (conseil d'école doctorale) dont les missions sont précisées dans l'arrêté du 7 août 2006 (article 12). Elle ne définit pas, cependant, de *politique scientifique* propre mais un ***programme d'actions*** : ce programme d'actions est l'expression d'un ou de plusieurs axes de la politique scientifique de l'établissement d'enseignement supérieur, définie dans le cadre d'un partenariat scientifique avec les organismes de recherche dont des unités figurent dans le périmètre scientifique de l'ED.

Article 12 de l'arrêté du 7 août 2006 relatif à la formation doctorale : «Le conseil de l'école doctorale adopte le programme d'actions de l'école doctorale et gère, par ses délibérations, les affaires qui relèvent de l'école doctorale conformément aux dispositions des articles 2 à 5 du présent arrêté.»

Éléments de problématique

Des évolutions récentes des textes relatifs à la formation doctorale, il convient de retenir en premier lieu : la reconnaissance, pour la première fois dans la loi, des écoles doctorales.

Afin de garantir une grande qualité, les orientations retenues pour conduire la procédure d'accréditation des écoles doctorales – et, en particulier, la procédure relative aux ED des établissements de la vague contractuelle A – ont visé à favoriser la mise en place de **pôles forts de recherche**.

Dans l'optique de l'arrêté de 2006, les écoles doctorales ont été encouragées à centrer leurs activités sur les champs disciplinaires qui correspondent à leurs forces scientifiques reconnues. Dans les champs disciplinaires dont la masse critique est plus faible, et sous réserve de la reconnaissance des unités de recherche, une dynamique de coopération entre les établissements – et la mise en place d'accréditations conjointes et/ou d'associations – a pu être jugée plus pertinente et susceptible de permettre une formation des doctorants de plus haut niveau.

L'évolution en cours a conduit à privilégier le regroupement de forces scientifiques autour de thématiques favorisant la **transversalité**. Elle amène progressivement à faire évoluer les deux extrêmes que sont les écoles doctorales unidisciplinaires et les écoles doctorales omnidisciplinaires vers des écoles qui proposent une formation doctorale mettant en relation des disciplines connexes, faisant jouer les interfaces, explorant les intersections.

Il s'agit alors d'une formation qui, s'organisant dans un ensemble épistémologique cohérent, tire tout le profit possible de la transversalité par l'exploration des créneaux potentiellement riches en recherche innovante.

En matière d'organisation des écoles doctorales proprement dite, on retiendra que la qualité de la préparation de l'insertion des diplômés est l'une des missions centrales confiées aux écoles doctorales.

La démarche s'est consolidée avec la **campagne 2007 d'accréditation des ED** (et l'on peut en trouver une illustration avec l'évolution des ED de sciences humaines et sociales qui a été mise en œuvre sur le site lyonnais, et qui a été conduite en parallèle avec la réorganisation des études doctorales précédemment proposées par l'ED pluridisciplinaire de Saint-Étienne).

Il convient désormais de la prolonger et d'en exploiter toutes les potentialités.

Les ED ont à jouer un rôle important dans la promotion des doctorants. Elles peuvent, sur la base de l'arrêté du 7 août 2006 relatif à la formation doctorale, se construire une image, se différencier et mettre en place les procédures (rendues publiques) pour la sélection des doctorants, le suivi de leur travail et l'attribution du diplôme. Concernant l'attribution du diplôme, l'arrêté du 7 août 2006 est très précis et il est possible de se poser la question du degré de latitude dont les écoles doctorales disposent aujourd'hui sur les modalités de la soutenance : participation ou non des directeurs de thèses au jury, forme et contenu du rapport de soutenance.

Sur l'arrêté du 7 août 2006 relatif à la formation doctorale, l'exemple du site lyonnais et pour d'autres données statistiques : *cf.* annexe du thème I.

Propositions des organisations représentatives

Les écoles doctorales

La **CJC** souhaite un changement de la dénomination des écoles doctorales pour rendre compte de leur évolution en « instituts doctoraux ». Elle demande l'entrée de ces instituts dans un « processus d'amélioration continue » qui doit notamment se concentrer sur quatre critères : le processus de recrutement des doctorants, le déroulement des recherches doctorales, la mise en œuvre du projet personnel et professionnel des doctorants et, enfin, la poursuite de la carrière des docteurs. Il est à noter que l'arrêté du 7 août 2006 relatif à la formation doctorale a repris ces propositions, notamment dans son article 4.

Au titre des organisations non syndicales, la **CPU** souhaite que, puisqu'une « école doctorale doit traduire la qualité des recherches correspondant au champ thématique concerné et mené dans les laboratoires qui la composent » et que, pour la CPU, la notion de qualité sous-entend une reconnaissance et une crédibilité des recherches effectuées par la communauté scientifique concernée, cette exigence de qualité soit évaluée sur « des critères explicites, diffusés et identiques pour tous les établissements de l'enseignement supérieur ». La CPU s'affirme en outre en faveur d'un encouragement de l'accréditation des écoles doctorales et réclame une agence d'accréditation indépendante, à l'instar de ce qui se fait dans d'autres pays européens. L'accréditation devrait être de nature temporaire et sollicitée en conséquence régulièrement. L'organisation envisage les écoles doctorales comme un moyen privilégié de « mettre en synergie » les compétences des établissements en leur permettant de nouer des partenariats sous deux formes : établissements en accréditation conjointe au sein d'une école doctorale ou association entre l'école doctorale et des partenaires non accrédités pour la délivrance du doctorat, le délivrant sous son contrôle. La CPU est en faveur du développement des collèges d'écoles doctorales «chaque fois que la taille et la configuration du site le permettent» mais s'oppose à la création d'écoles doctorales thématiques nationales. Lors de son audition devant le Conseil, la CPU a souligné qu'il faudrait donner plus de poids et surtout de moyens aux ED pour «mettre en place de vrais parcours différentiés en fonction du projet professionnel des doctorants». De plus, «il faudrait commencer par reconnaître les heures d'enseignement effectuées par les personnels dans ces écoles doctorales. Il faut renforcer les équipes car c'est souvent un seul enseignant-chercheur qui s'occupe d'une école doctorale comportant plusieurs équipes de recherche reconnues et qui accueille un nombre conséquent de doctorants puisque ces écoles sont souvent transdisciplinaires.»

L'**UNI** est davantage favorable aux écoles doctorales qu'aux cours magistraux.

La **Confédération étudiante** souhaite la responsabilité «des unités de recherche dans la définition des projets doctoraux pour un pilotage et une évaluation des missions et des objectifs des écoles doctorales.»

Le **MEDEF** propose notamment deux mesures pour renforcer les écoles doctorales :
– agréer les écoles doctorales à recevoir directement des versements au titre de la taxe d'apprentissage et offrir la possibilité aux entreprises de mobiliser des affectations A, B ou C du hors quota (dans la limite de 25 % de l'ensemble du hors quota) dans le cadre de la taxe d'apprentissage au bénéfice des écoles doctorales;
– mettre en place une évaluation *ex post* rendue publique offrant notamment une base objective pour l'affectation de crédits budgétaires.

L'organisation plaide également pour l'idée d'associer des représentants des secteurs économiques et des entreprises intéressés par les thématiques de recherche à la gouvernance des écoles doctorales.

D'autres organisations interviennent sur la question des écoles doctorales.

Pour l'ANDèS, les écoles doctorales, désormais définies comme des fédérations d'unités de recherche, «doivent assurer le suivi des procédures de recrutement des doctorants, le suivi de la qualité du déroulement des recherches doctorales, celui de la mise en œuvre du projet personnel et professionnel des doctorants et celui de leur poursuite de carrière, et enfin participer à la politique de coopération scientifique internationale de l'établissement de rattachement. Et pour cela, la mutualisation des moyens doit être encouragée.»

Pour l'ABG, comme décrit lors des auditions devant le Conseil, les écoles doctorales devraient être chargées de «l'avant-thèse». Orientée vers les étudiants de licence ou de master, celle-ci permettrait aux étudiants souhaitant s'engager dans la voie d'un doctorat, de commencer à préparer leur projet (professionnel) dans ce cadre bien en amont. L'association propose en outre, afin de valoriser les formations professionnalisantes, offertes par les écoles doctorales, de décerner des labels à celles présentant des résultats intéressants. Enfin, l'ABG propose de créer une agence d'évaluation des formations doctorales, et dans cette logique, propose de mettre ses propres consultants à disposition.

Le **CDEFI** souligne le caractère flou de l'école doctorale et appelle à une meilleure définition.

La notion de transversalité des formations doctorales

En soulignant son attachement à la notion de droit individuel attaché à la personne et pas seulement au laboratoire, à l'établissement ou à l'université, le **SCENRAC-CFTC** souhaite une «nécessaire ouverture du doctorant hors du champ propre et strict de son université, avec la participation à des congrès, colloques [...]». Il précise, de plus, que «des publications, des prises de brevets, ainsi que la participation éventuelle à des formations complémentaires en adéquation avec le sujet de la thèse devraient être favorisées [...]». De plus, le syndicat est favorable à l'introduction de notions de droit dans les formations doctorales («judiciarisation de notre société»), à des cours de langue afin que le doctorant en maîtrise une parfaitement, y compris sa composante technique, et à une formation en informatique permettant de déboucher sur la maîtrise de cet outil.

La **CFTC-INRA** insiste sur plusieurs niveaux. Le premier d'entre eux réside dans la possibilité qui devrait être offerte aux doctorants de renforcer leurs connaissances théoriques qui s'arrêtent bien souvent au niveau master 2. Ensuite, l'organisation insiste sur le fait que la liberté et la possibilité de suivre des formations et/ou stages sortant du secteur strict du doctorat devraient être encouragées. La CFTC-INRA souhaiterait enfin que chaque doctorant se voie allouer un crédit personnel lui permettant de suivre des congrès, conférences, etc. qui présentent un coût souvent prohibitif. Le **SCENRAC-CFTC** est sur la même position.

Sup'Recherche UNSA plaide pour une valorisation de la pluridisciplinarité.

L'**UNAPL** déplore que les doctorants ne soient pas informés suffisamment, particulièrement en ce qui concerne les études dites «généralistes» (par opposition aux filières menant aux professions libérales), des possibilités de créer une entreprise et de la voie entrepreneuriale, plus généralement parlant. La **CGPME** et la **FNSAESR-CSEN** sont sur la même position. Le **SNIRS (CFE-CGC)** insiste également sur cette proposition en introduisant l'idée d'un suivi de stages et de conférences pour le doctorant ainsi que celle d'une participation des personnels des EPST et des EPIC aux écoles doctorales. Au titre des organisations non syndicales, le **CDEFI** va dans le même sens en demandant l'injection d'un peu de culture d'entreprise dans la formation.

L'**UNEF** plaide pour l'introduction d'une formation initiale des doctorants à la pédagogie. Ceci pourrait être facilité grâce à l'intégration des IUFM dans les universités. Elle encourage de manière générale la pluridisciplinarité (langues, droit du travail, etc.) mais sur la base du *volontariat.*

La **CGPME** appelle au développement des études de terrain en ce qui concerne les sciences humaines.

La **CJC** souligne et encourage le développement des collèges d'écoles doctorales qui permettent notamment de «réduire les coûts d'organisation en mutualisant les dispositifs de formations transversales, tout en enrichissant ces formations grâce à la rencontre de doctorants d'horizons disciplinaires différents». Dans sa recommandation n° 6[1], la CJC propose en outre que les écoles doctorales puissent proposer «aux doctorants des formations transversales propres et utiles à la conduite de leur projet de recherche et à l'élaboration de leur projet professionnel», le conseil de l'école étant chargé d'instaurer un plafond horaire maximum pour ce type de formations. Enfin, les formations transversales devraient rentrer en ligne de compte lors d'un suivi de la qualité du recrutement des doctorants : un suivi de la carrière des docteurs permettrait de corriger éventuellement les formations transversales pour les ajuster aux besoins du marché de l'emploi.

Afin d'encourager le développement de la transversalité des formations doctorales, le **MEDEF** suggère de «favoriser la recomposition des écoles doctorales par des coopérations renforcées et des mises en commun de moyens afin de disposer d'une taille critique et interdisciplinaire (transversalité) sur des thématiques porteuses en matière d'innovation et de recherche (notamment autour des grands pôles de recherche et de compétitivité)». Toujours dans une optique de renforcement de la transversalité, le MEDEF propose d'ouvrir les formations doctorales à l'acquisition de modules de formation complémentaire ouvrant à d'autres champs disciplinaires.

Des organismes non syndicaux participent également à la réflexion

Le **groupe Glaizer** (agence en innovation) propose d'ajouter des formations au parcours doctoral afin de préparer le jeune chercheur à assumer un nouveau métier, celui d'«innovateur généraliste». Selon le groupe, ces cours devraient inclure des matières telles que l'intelligence économique, le marketing stratégique, la propriété intellectuelle ou bien encore le management de la recherche et de l'innovation.

1. *Recommandations pour la consolidation et l'amélioration du dispositif de formation et de recherche doctorales*, janvier 2006.

Quant à la **CPU**, elle est favorable à ce que des unités de recherche puissent participer à plusieurs écoles doctorales lorsque «la pluralité des thématiques abordées et le nombre d'équipes identifiées le justifient» et dans le contexte de collèges d'écoles doctorales, dont la création est vivement souhaitée. Le caractère transversal du doctorat devrait être, de plus, présenté au sein du supplément au diplôme de doctorat, qui devrait être lui-même systématiquement délivré.

Enfin, dans l'un de ses rapports [1], l'**IGAENR** (p. 52) souligne le fait que, dans le cadre des actions Marie-Curie (Union européenne), les propositions de recherche pluridisciplinaires sont particulièrement recherchées. De plus, dans l'une de ses recommandations, l'IGAENR préconise de «renforcer les cursus de formation visant les métiers de la recherche, en particulier les formations à l'économie et à la gestion de la recherche et de l'innovation, insuffisamment développées en France en comparaison d'autres pays partenaires européens».

Les différentes organisations apparaissent toutes favorables à une plus grande valorisation de la pluridisciplinarité des formations doctorales mais ne proposent pas les mêmes voies. Ainsi, si certains insistent sur les matières à incorporer aux formations (langues, pédagogie, informatique, découverte de l'entrepreneuriat), d'autres envisagent l'intensification du caractère transversal des études doctorales à travers l'organisation même de ces dernières (encouragement des rapprochements entre écoles doctorales et mutualisation). L'idée de rapprocher le doctorant du monde du travail apparaît particulièrement présente et partagée par tous : il s'agit de renforcer les connaissances pratiques du doctorant.

Recommandations I du Conseil

- Le Conseil considère que l'arrêté du 7 août 2006 relatif à la formation doctorale constitue un progrès certain; il n'est cependant pas encore appliqué dans son intégralité. Une première mesure consiste donc à veiller à son entière application.
- Le rapport de thèse doit prendre la forme stricte d'un procès-verbal.
- En ce qui concerne les conditions de cette soutenance, le directeur de thèse doit être entendu par le jury mais ne devrait pas participer aux délibérations.

1. *Les carrières scientifiques : une approche fondée sur des éléments d'analyse comparative européenne*, octobre 2004.

• Il convient de prévoir l'obligation, pour les écoles doctorales, de mettre en place une politique de suivi de l'insertion professionnelle de leurs doctorants et docteurs. Cet élément devra être pris en compte pour l'accréditation de l'école doctorale.

• Il y a lieu de développer la formation des doctorants en matière d'entrepreneuriat (colloques, conférences, séminaires).

• Chaque école doctorale doit pouvoir se doter d'une identité et donc d'une image de marque à l'instar de celle qu'ont acquise les écoles d'ingénieurs. Outre le sujet et le laboratoire dans lequel s'est déroulée la thèse, l'école doctorale doit faire connaître les formations complémentaires du doctorant, publier un annuaire des anciens soulignant en particulier toute expérience permettant d'apprécier la valeur ajoutée du docteur pour son parcours professionnel, dans le monde académique ou économique. Les écoles doctorales doivent faire participer certains anciens ou d'autres professionnels dans les formations complémentaires et/ou au pilotage de l'école doctorale elle-même *via* un conseil de perfectionnement. Le processus d'accréditation doit être encouragé.

• Les écoles doctorales doivent bénéficier de ressources significatives de la part de l'Université, en cohérence avec la stratégie de l'établissement, ainsi que d'autres sources comme la taxe d'apprentissage.

THÈME II

Le statut du doctorant et le mode de recrutement

Rappel contextuel : l'évolution récente du dispositif national relatif à la formation doctorale au regard de la réforme L-M-D

Dans le schéma des formations antérieur au L-M-D, l'organisation du troisième cycle était définie autour du diplôme national de DEA, qui constituait la première année de formation doctorale, et la thèse de doctorat, préparée en trois ans. Les écoles doctorales, avant la mise en place du L-M-D, avaient en charge la préparation du DEA. Ce schéma de formation était orienté vers une identification, au cours de la formation en DEA, au sein de chaque école doctorale, des candidats les plus brillants afin d'envisager une poursuite du cursus en thèse.

Ce modèle n'offrait guère de convergence avec l'organisation de la formation par la recherche dans une majorité de pays européens (ainsi que dans la plupart des pays anglo-saxons), où l'articulation entre la fin du cursus master et le doctorat (ou Ph. D.) est identifiée comme le niveau préférentiel d'ouverture des formations et de mobilité dans le cursus des étudiants.

À la suite des rencontres des ministres européens de l'Enseignement supérieur et de la Recherche de la Sorbonne (1998), et de Bologne (1999), un processus de convergence avec l'organisation des trois cycles d'enseignement supérieur en vigueur au sein des principaux pays européens a été engagé. Dans le cadre du basculement progressif de l'offre des établissements d'enseignement supérieur français dans le schéma « L-M-D » des formations (engagé entre 2002 et 2005), l'organisation du troisième cycle français s'est trouvée profondément modifiée, avec une distinction plus nette, dans l'offre de formation des établissements, entre le pilotage du niveau master et le pilotage du niveau doctorat, les écoles doctorales n'étant pas en charge de l'organisation des enseignements au niveau de la deuxième année du master recherche.

En conséquence, à partir de la campagne 2003 d'accréditation des écoles doctorales à compter de l'année universitaire 2003-2004 :
- les écoles doctorales ont été invitées à mettre en œuvre une procédure de choix des doctorants ouverte, lisible et équitable pour tous les candidats à une inscription en thèse ;
- l'évaluation des projets d'écoles doctorales s'est appuyée uniquement sur l'évaluation scientifique de la formation initiale à l'exclusion des enseignements de master.

De ce point de vue, le nouveau schéma L-M-D des formations mis en œuvre en France a fait de l'articulation master-doctorat le niveau préférentiel de la mobilité des étudiants entre établissements au niveau national (notamment la mobilité entre universités et écoles d'ingénieurs ou grandes écoles) ou au niveau européen et international.

Au niveau européen, en 2003, la question du doctorat a pris une actualité nouvelle dans une phase d'approfondissement de la réforme L-M-D, engagée lors de la conférence des ministres de l'Enseignement supérieur et de la Recherche de Berlin. Une nouvelle rencontre européenne à Salzbourg, en 2005, a permis de dégager les orientations spécifiques au niveau du doctorat que les quarante-cinq ministres européens de l'Enseignement supérieur et de la Recherche, les conférences représentant les établissements d'enseignement supérieur et l'Association européenne des universités (EUA), souhaitaient mettre en avant dans l'évolution des systèmes nationaux d'enseignement supérieur et de recherche (*cf.* le document en annexe du thème II : « Les dix principes du séminaire européen de Salzbourg »).

Le nouveau cadre d'organisation de la recherche et de la formation doctorale adopté en 2006, à la suite d'une *concertation nationale sur les études doctorales* (janvier 2005-février 2006) et dans le cadre du *Pacte pour la recherche*, reprend les orientations que la France a mises en œuvre dans le cadre de la concertation conduite au niveau européen.

État du droit

À la différence des niveaux de formation licence et master, l'entrée dans le cycle doctoral **n'est pas de droit** et les écoles doctorales, telles qu'organisées à partir de la réforme du 7 août 2006 relatif à la formation doctorale, ont la possibilité de mettre en œuvre une politique de choix des doctorants.

Au terme de ces évolutions, **l'arrêté du 7 août 2006** précise les missions confiées aux écoles doctorales dans le cadre de leur programme d'actions, en particulier pour ce qui est de la politique de choix des doctorants.

Article 4 de l'arrêté du 7 août 2006 relatif à la formation doctorale :
« Les écoles doctorales, dans le cadre de leur programme d'actions :

*– **mettent en œuvre une politique de choix des doctorants fondée sur des critères explicites et publics**; organisent, dans le cadre de la politique des établissements, l'attribution des financements qui leur sont dévolus, notamment les allocations de recherche; [...] »*

La mise en œuvre qui relève de la compétence du directeur de l'ED assisté du conseil ne peut être déléguée à une émanation de ce conseil. De manière constante, lors de la procédure d'accréditation 2007 des ED, l'ensemble des projets où la définition des critères de choix des candidats était confiée à un bureau de l'école doctorale (associant le plus souvent les responsables des mentions master) ont été considérés, en premier examen, comme ne répondant pas aux critères posés par l'arrêté du 7 août 2006.

Quel que soit le mode de choix des candidatures mis en œuvre par le conseil de l'ED, le texte du 7 août 2006 précise que les candidats doivent être informés des critères selon lesquels ils seront évalués.

Une expertise du bilan scientifique de chaque école doctorale accréditée est réalisée en fin du contrat quadriennal et en préparation de la négociation du contrat quadriennal suivant de l'établissement (ou des établissements) dont les forces scientifiques participent à l'ED : la qualité de la gouvernance de l'ED et l'adéquation entre les sujets de thèses ouverts au recrutement et les priorités scientifiques des unités de recherche de l'ED, figurent parmi les critères d'évaluation de la qualité des ED.

Éléments de problématique

On notera l'importance de la reconnaissance des doctorants **comme des jeunes chercheurs** et non des étudiants. On peut même dire que suivant les recommandations de la confédération des jeunes chercheurs, on est passé **d'une logique d'inscription administrative à une logique de recrutement**. Il faut donc en tirer les conséquences :
- en faisant bénéficier les doctorants de conditions de travail correspondantes à celles d'un chercheur professionnel;
- en identifiant le budget de fonctionnement nécessaire pour assurer des conditions de travail satisfaisantes.

On relève sur ce point qu'il est indispensable que les critères d'attribution des allocations de recherche fassent, à compter de la campagne 2007, une place plus large à l'examen du devenir professionnel des doctorants de chaque école doctorale (qualité de l'insertion dans l'emploi scientifique).

Concernant la définition de la **politique des choix des sujets de thèses** ouverts au recrutement et des candidats en doctorat, on relèvera que l'adéquation entre le sujet de recherche et les priorités scientifiques des laboratoires qui figurent dans le «périmètre scientifique» de l'école doctorale constitue une des missions essentielles du conseil d'ED (voir *supra*). Ces choix qui structurent le programme d'actions d'une école doctorale sont délibérés dans le cadre du conseil d'école doctorale (dont la composition garantit qu'il assure une place effective aux besoins des unités de recherche).

L'importance du choix des sujets peut avoir une incidence sur les possibilités de traitement dans les délais requis, ceux-ci étant conditionnés par la durée de financement de la thèse. Enfin, il s'agit de relever la nécessité d'une clarification concernant le sujet, la durée prévue pour le traiter, les modalités de financement éventuel et, le cas échéant, la mise en œuvre d'une ouverture internationale.

Propositions des organisations représentatives

Le statut du doctorant

Une large majorité des syndicats, à l'exception de la **CGPME**, affirme être en faveur de l'instauration d'un **véritable statut du doctorant**, même si les solutions proposées varient d'une organisation à l'autre.

Les syndicats favorables à l'idée d'un statut du doctorant, sans se prononcer plus avant, sont notamment la **FAGE** et la **CFTC-INRA**.

La **Confédération étudiante**, outre la « reconnaissance et clarification du statut de jeune chercheur », demande qu'un tel statut soit accompagné d'une couverture sociale « adéquate » et d'une prise en compte du doctorat pour le calcul de la retraite. L'**UNEF**, en réclamant un accès à la protection sociale (couverture maladie, chômage, retraite, congé parental), se situe sur la même ligne.

Parmi les organisations plaidant pour la **contractualisation** des doctorants, la **CJC** plaide pour un passage progressif, notamment *via* une diffusion des bonnes pratiques, à un mode de recrutement de tous les doctorants sous la forme de contrats de travail. Le **SNCS-FSU** réclame lui aussi un « véritable contrat de travail » pour les doctorants. La **CGT-INRA** souhaite un contrat de travail salarié de trois ans avec les cotisations afférentes à la Sécurité sociale et aux caisses de retraites, ainsi que les mêmes droits sociaux que les autres salariés. **SLR** se prononce, à l'instar des précédentes organisations représentatives, en faveur de l'instauration d'un statut salarié du doctorant (CCD basé sur les actuelles allocations de recherche) avec « un salaire attractif, évolutif au cours de la thèse et indexé sur l'indice des prix. Il devrait ouvrir droit aux actions sociales et de formation développées sur le lieu de travail. » Se basant sur la Charte des thèses, il devra indiquer clairement les responsabilités des trois parties au contrat, à savoir le doctorant, le directeur de thèse et l'institution d'accueil. Le **SNIRS (CFE-CGC)** réclame un statut salarié du doctorant, lui aussi, avec un « revenu convenable » et une couverture sociale afférente, en suggérant d'exploiter la piste des attachés de recherche, préexistant au statut de titulaire. De plus, le **SNTRS-CGT** demande qu'un tel contrat de travail soit accompagné d'une couverture sociale « adéquate » et d'une prise en compte du doctorat pour le calcul de la retraite. Le **SCENRAC-CFTC** souhaite, enfin, un véritable statut (salarié par l'Université) de « chercheur en formation » avec des cotisations salariales et une rémunération « digne ».

Quant à **SUD-Recherche-EPST**, l'organisation souhaite voir l'instauration d'un « vrai CDD de **droit public** » pour les doctorants valable tout au long de leur thèse, voire même jusqu'à quelques mois après la fin de celle-ci. Le syndicat demande à ce que la rémunération soit portée et indexée sur le début de la grille des ingénieurs d'études (2e échelon). Le **SNESUP-FSU** souhaite, lui aussi, s'inscrire dans le droit public puisqu'il propose un statut de « fonctionnaire stagiaire », avec les garanties statutaires de la fonction publique, qui se substituerait aux statuts de moniteur et d'ATER. Le **SGEN-CFDT** réclame également un contrat de travail de type CDD de droit public « garantissant à ces jeunes chercheurs en formation une réelle protection sociale [...] ».

De plus, le **SGEN-CFDT** demande à ce que les doctorants aient un accès garanti aux bibliothèques, la participation aux congrès, séminaires, conférences, etc. ainsi qu'aux « différents services d'action sociale des établissements où ils travaillent » (restauration, médecine du travail, centres aérés, crèches, etc.).

Si la **FNSAESR-CSEN** est opposée à une fonctionnarisation du doctorant, elle est néanmoins favorable à une protection sociale des jeunes chercheurs.

Enfin, le **MEDEF** défend le principe de contrats courts rémunérés pour les doctorants. De trois à cinq ans, sous la forme de CDD, ces contrats serviraient ainsi à couvrir la période d'élaboration de la thèse et de base contractuelle aux financements de thèse par les entreprises ou aux dispositifs de la professionnalisation et de l'apprentissage.

Les conditions de recrutement et la thèse

Le leitmotiv des recommandations de la **CJC** réside dans le passage d'une logique d'inscription administrative à une logique de recrutement. L'organisation avait formulé plusieurs recommandations dans la perspective de la réforme qui a abouti à l'arrêté du 7 août 2006. Celui-ci ayant répondu en grande partie aux attentes de l'organisation, les articles pertinents sont reproduits à la fin des propositions suivantes :
- **définition d'un projet doctoral** : à l'initiative des collectifs de recherche, puisque le projet constitue l'une des déclinaisons de leur politique de recherche. Il doit comprendre : une problématique de recherche, une présentation des moyens matériels et financiers prévus pour mener le projet (dont rémunération du doctorant) et un profil du candidat souhaité ;
- **validation, affichage et diffusion de ce projet** : sous la responsabilité des « instituts doctoraux » (écoles doctorales). Contrôle de la phase précédente. Conseil : écriture d'un cahier des charges ;
- **choix d'un candidat** : sous la responsabilité des équipes de recherche. Au moins un entretien est nécessaire à cette étape. Conseil : les modalités devraient être définies dans le cahier des charges afin que les candidats aient toutes les clefs en main ;
- **validation de la procédure de recrutement** : sous la responsabilité de l'école doctorale. Conseil : création d'une procédure (rendue publique) de suivi de la qualité du recrutement des doctorants :
- **inscription universitaire du nouveau doctorant** : c'est l'occasion pour le doctorant, responsable de cette étape, d'arrêter le « sujet de thèse » proprement dit ;

– **signature de la Charte des thèses** : par les différentes parties. Valeur symbolique (fin du processus) qui, à terme, devrait être remplacée par un véritable contrat de travail.

Articles pertinents de l'arrêté du 7 août 2007 :

Article 12 *: «Le conseil de l'école doctorale adopte le programme d'actions de l'école doctorale et gère, par ses délibérations, les affaires qui relèvent de l'école doctorale conformément aux dispositions des articles 2 à 5 du présent arrêté.»*

Article 4 *: «Les écoles doctorales, dans le cadre de leur programme d'actions :*
– mettent en œuvre une politique de choix des doctorants fondée sur des critères explicites et publics; organisent, dans le cadre de la politique des établissements, l'attribution des financements qui leur sont dévolus, notamment les allocations de recherche»

Article 14 *: «L'inscription au doctorat est prononcée par le chef d'établissement sur proposition du directeur de l'école doctorale après avis du directeur de thèse et du directeur de l'unité de recherche. Elle vaut admission aux formations dispensées par l'école doctorale. L'inscription doit être renouvelée au début de chaque année universitaire.*

[...]

Lors de la première inscription en doctorat :
– le directeur de l'école doctorale s'assure que les conditions scientifiques, matérielles et financières sont réunies pour garantir le bon déroulement des travaux de recherche du candidat et de préparation de la thèse, après avis du directeur de l'unité de recherche de rattachement sur la qualité du projet;
– la Charte des thèses est signée par le doctorant, son directeur de thèse, le directeur de l'école doctorale et le responsable de l'unité ou de l'équipe d'accueil.

Durant la préparation de sa thèse, le doctorant est pleinement intégré à l'unité de recherche.»

L'**UNI** demande une plus grande lisibilité du parcours pour les étudiants puisque la thèse est souvent un choix par défaut. Le **SNESUP-FSU** va dans le même sens en demandant un renforcement des services universitaires d'information et d'orientation (SUIO). La **Confédération étudiante** appuie cette voie en demandant une meilleure information et une plus grande transparence en master 2 sur la thèse (rôle du doctorant, compétences requises, recherche de financement...). Le **MEDEF** suggère, de plus, de «rendre plus lisible "l'offre" des 295 écoles doctorales par une déclinaison en termes de débouchés professionnels : secteurs d'activité et métiers en l'associant à des flux de création d'emplois.

Le **SNCS-FSU** déplore que la création des écoles doctorales ait entraîné une coupure de certaines sources de recrutement.

Promotion et défense des étudiants plaidait, lors de l'ouverture du chantier «Jeunes chercheurs», pour une ouverture des écoles doctorales à des publics différents, notamment des ingénieurs et des étudiants des filières professionnelles, dans une optique de rapprochement avec le monde de l'entreprise.

Le **MEDEF** défend l'idée selon laquelle il conviendrait de mettre en place une sélection à l'entrée des écoles doctorales en s'appuyant, en sus des qualités et du parcours dans l'enseignement supérieur du candidat, sur l'expression d'un projet professionnel à l'issue de la formation, en adéquation avec celle-ci. Il s'agirait de concentrer les dispositifs d'accompagnement sur les candidats ayant formalisé un projet professionnel. Enfin, l'organisation demande l'association de représentants des secteurs économiques et des entreprises intéressés par les thématiques de recherche aux procédures de choix des doctorants.

L'**ABG** défend l'idée selon laquelle il conviendrait d'ajouter un nouveau chapitre à la thèse pour lequel le doctorant pourrait être coaché par un consultant (non obligatoire), l'objectif étant de révéler les compétences acquises, aider à la préparation d'entretiens, etc. Quinze heures pourraient être allouées à une telle préparation.

Recommandations II du Conseil

- Le recrutement par l'école doctorale d'un doctorant doit être accompagné par l'identification d'un budget de fonctionnement.

- Dans le cadre de l'école doctorale, il est nécessaire de rappeler que doivent être mises en œuvre des conventions entre les parties prenantes et le doctorant, portant sur le sujet, la durée et le financement.

- Les doctorants doivent bénéficier d'un accès équivalent à celui réservé aux chercheurs, d'une part en ce qui concerne les bibliothèques, congrès, séminaires, conférences, et d'autre part, par rapport aux services d'action sociale des établissements où ils travaillent (restauration, médecine du travail, centres aérés, crèches...).

- Le Conseil recommande de mettre en place une meilleure information des candidats potentiels au doctorat, en établissant un guide explicatif complet («guide du doctorant»). Un renforcement des services universitaires d'information et d'orientation est également souhaitable.

- Les doctorants doivent pouvoir bénéficier d'un soutien ferme à la mobilité internationale et européenne durant leur parcours.

THÈME III

La durée de la thèse

État du droit

Les dispositions relatives à la durée des thèses sont contenues dans l'arrêté du 7 août 2006 relatif à la formation doctorale. L'article 15 précise que : *« la préparation du doctorat s'effectue, en règle générale,* ***en trois ans****. Des dérogations peuvent être accordées, par le chef d'établissement, sur proposition du directeur de l'école doctorale et après avis du directeur de thèse et du conseil de l'école doctorale, sur demande motivée du candidat. La liste des bénéficiaires de dérogation est présentée chaque année au conseil scientifique. »*

On trouve aussi des dispositions relatives à la durée des thèses dans les textes relatifs aux **allocations de recherche** (décret n° 85-402 du 3 avril 1985 [modifié par les décrets n° 92-339 du 30 mars 1992, n° 2001-126 du 6 février 2001 et n° 2005-176 du 25 février 2005]). Comme rappelé dans le thème abordant la question du financement de la thèse, la durée d'une allocation de recherche est d'un an, renouvelable tacitement deux fois.

Pour les **moniteurs**, le décret n° 89-794 du 30 octobre 1989 relatif au monitorat d'initiation à l'enseignement supérieur indique que la durée du monitorat ne peut excéder celle de l'allocation de recherche.

À titre complémentaire, il est utile de préciser ici que les dispositions relatives aux modalités d'octroi, aux doctorants exerçant une activité salariée, de dérogations en termes de durée de thèse, demeurent inchangées par rapport à l'arrêté du 25 avril 2002 relatif aux études doctorales (*« Des dérogations peuvent être accordées, par le chef d'établissement, sur proposition du directeur de l'école doctorale et après avis du directeur de thèse et du conseil de l'école doctorale, sur demande motivée du candidat. La liste des bénéficiaires de dérogation est présentée chaque année au conseil scientifique »*).

Éléments de problématique

Si dans les textes la durée attendue de la thèse est précisée quel que soit le champ disciplinaire (en règle générale trois ans), la réalité montre que **peu de thèses sont soutenues dans les trois ans** (8,2 %). Il y a aussi une disparité suivant les disciplines : si, en sciences exactes, 59,3 % des thésards ont soutenu de trois à quatre4 ans (44,6 % en sciences du vivant), en sciences humaines et sociales, 23,5 % soutiennent de quatre à cinq ans et 21,3 % de cinq à six ans.

De même, les statistiques font apparaître une grande disparité de l'âge moyen de la première inscription en thèse et de l'obtention des diplômes[1].

Ces disparités pourraient trouver leurs origines dans les conditions d'encadrement. On note en particulier que les durées de thèses très supérieures à trois ans peuvent souvent être liées à des situations où des enseignants-chercheurs HDR (habilitation à diriger des recherches) concentrent sous leur direction un nombre trop important de doctorants. Le thème V aborde cette question.

Les nouvelles dispositions relatives à la formation doctorale visent à permettre aux établissements de mieux encadrer les durées des thèses (*cf. supra*).

Il convient également de prendre en compte que dans un certain nombre de disciplines, la durée des thèses supérieure à la moyenne peut correspondre à d'autres facteurs : dans le cadre de la procédure de qualification sur la liste d'aptitude au corps des maîtres de conférences, il semble que la « norme » admise par certaines sections CNU porte sur des travaux de recherche correspondant à un projet préparé sur plus de trois ans.

Enfin, en matière de comparaison de systèmes nationaux d'enseignement supérieur et de recherche, on cite également régulièrement **le caractère atypique de la formation doctorale en France**, centrée sur la préparation d'une thèse en trois ans, par rapport à la situation rencontrée dans d'autres pays, notamment anglo-saxons[2], où la durée normale de préparation d'une thèse est plutôt de quatre ans.

Données statistiques : *cf.* annexe du thème III.

1. En sciences humaines et sociales, on note aussi la présence parmi les inscrits en doctorat, d'un certain nombre de doctorants s'engageant dans un projet de recherche en fin de carrière professionnelle (« thèse sur travaux »). Dans le même temps, un nombre significatif d'écoles doctorales de SHS accueillent des personnes retraitées inscrites en thèse (l'incidence de ces situations particulières sur l'âge moyen de la première inscription en thèse est importante en SHS).
2. *Cf.* tableau reproduit en annexe sur cette question.

Propositions des organisations représentatives

Le **SCENRAC-CFTC** est favorable à l'établissement d'une distinction entre les sciences dures (trois ans) et les sciences humaines (quatre ans).

La **CJC** est fermement opposée à l'allongement de la durée doctorale, et cela pour toutes les formations. Seuls quelques cas d'allongement devraient être tolérés et dans un cadre déterminé en amont, notamment ceux effectués dans le cadre d'une «formation continue».

Selon la **FNSAER-CSEN**, la durée des thèses doit être variable en fonction de la discipline et du mode de financement : la situation d'un allocataire de recherche n'est pas la même que celle d'un salarié à temps plein.

La **CGT-INRA** considère trois ans comme la durée «normale» de la thèse mais est ouverte à une flexibilité accrue.

Le **SGEN-CFDT** fait une distinction entre les durées de thèse en sciences «dures» (3-4 ans) et les sciences humaines et sociales (4-6 ans), y compris pour les doctorants ayant un financement. Pour le syndicat, cette différence réside dans les caractéristiques intrinsèques des deux types de thèse. Le problème réside dans le fait que, bien souvent, les thésards en sciences humaines et sociales sont dans l'obligation de finir leur thèse sans aucun financement. Le SGEN-CFDT présente donc deux solutions possibles :
- maintenir l'idée d'une thèse en trois ans et, en conséquence, accepter une baisse de la qualité des thèses;
- prendre en compte la durée moyenne des thèses en sciences humaines et sociales et prolonger l'allocation de recherche de trois à quatre ou cinq ans.

Selon l'**UNEF**, la durée maximale de la thèse doit être fixée à cinq ans. L'échéance «normale» doit être de trois ans (diplôme de docteur reconnu à bac + 8). L'UNEF défend l'idée que plus de souplesse devrait être introduite. Ainsi, au terme de la deuxième année de thèse, un bilan pourrait être effectué afin de juger de la durée nécessaire à la fin de la thèse (prolongement possible de un à deux ans).

Le **SNCS-FSU** envisage la durée de trois ans comme une nécessité.

Le **SNIRS (CFE-CGC)** est favorable à un allongement de la durée de la thèse. Trois ans, particulièrement pour certaines disciplines, ne permet pas d'être assez novateur.

Pour **Sup'Recherche-UNSA**, la formation doctorale en trois ans semble bien convenir dans la plupart des cas, à l'exception de certaines disciplines des sciences humaines et sociales.

Le **SNESUP-FSU** insiste sur la position suivante : «La préparation d'une thèse en trois ans est impossible dans bien des disciplines. Il est certes raisonnable de prendre des mesures visant à éviter une dilution excessive de la préparation (au-delà de six ans). Mais le temps moyen en LSHS (cinq ans correspond aussi au temps de maturation spécifique dans ces domaines, et au niveau d'exigence sur lequel les sections du CNU se calent pour qualifier ensuite les docteurs. Il importe donc de ne pas défavoriser les disciplines les unes par rapport aux autres et de prévoir plutôt une fourchette de "durée raisonnable" par grands secteurs disciplinaires».

Pour la **CGPME** les doctorants en sciences humaines devraient pouvoir effectuer leur thèse entre trois et quatre ans.

En défendant le principe de contrats courts rémunérés, sous forme de CDD, de trois à cinq ans, pour les doctorants, le **MEDEF** semble ouvert à une plus grande flexibilité de la durée de la thèse.

D'autres organisations se prononcent sur le sujet de la durée de la thèse

La **CPU**, au titre des organisations non syndicales, a indiqué lors de son audition par le Conseil «qu'on ne peut pas donner une durée stricte de la thèse». La durée dépend des disciplines, des pratiques d'insertion et des modes de financement. La CPU demande à ce que les moyens de financement soient garantis en cas de prolongation de la thèse.

L'**ABG** défend l'idée qu'une thèse peut être faite en trois ans mais, en cas d'activités supplémentaires, la durée est éventuellement à allonger à 5-6 ans.

Eurocadres précise que la norme, pour la durée de la thèse en Europe, est de trois ans.

Pour le **CDEFI**, une durée de trois ans est acceptable.

Sur la question de la durée de la thèse, **Veolia Environnement (Formation)** suggère de rester dans une durée courte afin de faire en sorte que l'entrée dans la catégorie «postes à responsabilité» ne se fasse pas trop tardivement.

Recommandation III du Conseil

- Des aménagements particuliers de durée peuvent être envisagés pour des salariés du secteur public et du secteur privé qui préparent une thèse parallèlement à leurs activités professionnelles.

THÈME IV

Le financement des thèses

La question du financement des thèses est centrale puisqu'elle exerce une influence sur nombre d'autres thèmes développés dans ces pages. Garantir un financement efficace des thèses permettrait ainsi sans doute de réduire la durée de celles-ci dans un certain nombre de cas, ou bien encore de développer, dans des conditions plus efficaces, des ouvertures vers le monde de l'entreprise. Il convient donc se pencher avec une attention toute particulière sur ce volet du chantier «Jeunes chercheurs».

État du droit

Les allocations de recherche

Trois textes encadrent le dispositif des allocations de recherche :

• Le décret n° 85-402 du 3 avril 1985 relatif aux allocations de recherche (modifié par les décrets n° 92-339 du 30 mars 1992, n° 2001-126 du 6 février 2001, 2004-1120 du 14 octobre 2004 et n° 2005-176 du 25 février 2005);

Article 1er : «Afin d'assurer la formation par la recherche des diplômés de l'enseignement supérieur au niveau du troisième cycle et de favoriser leur orientation tant vers les activités de recherche que vers d'autres activités de l'économie nationale, il est créé, dans la limite des crédits budgétaires ouverts chaque année dans la loi de finances, un contingent d'allocations de recherche pour la préparation du doctorat.

Le cas échéant ces crédits peuvent être augmentés, par la procédure de fonds de concours, des versements effectués par des personnes physiques ou morales.»

*Article 2 : «**Le ministre chargé de la recherche et le ministre chargé de l'enseignement supérieur fixent par arrêté conjoint les conditions de diplôme et de son obtention ou d'aptitude ainsi que les conditions d'âge ouvrant droit à postuler une allocation de recherche.***

Sauf dérogations individuelles accordées dans les conditions fixées par ce même arrêté, les candidats aux allocations de recherche devront avoir satisfait aux obligations du service national ou en avoir été dispensés. »

• L'arrêté du 31 mars 1992 modifié relatif aux conditions ouvrant droit à postuler à une allocation de recherche ;

Article 1er : « Les allocations de recherche régies par le décret du 3 avril 1985 susvisé peuvent être attribuées aux étudiants admis à s'inscrire pour la préparation du doctorat, conformément aux dispositions de l'arrêté du 23 novembre 1988 susvisé et qui, par ailleurs, prennent ladite inscription dès l'année universitaire qui suit immédiatement la date à laquelle ils ont obtenu le diplôme d'études approfondies ou sa dispense. »

• L'arrêté du 23 février 2007 fixant le montant de l'allocation de recherche[1].

Article 1er : « Le montant ***brut*** *mensuel de l'allocation de recherche prévue par le décret du 3 avril 1985 susvisé est fixé,* ***à compter du 1er février 2007, à 1 530,77 euros.*** »

Il s'agit d'aborder plus en détail les conditions ouvrant droit à postuler pour obtenir une allocation, ainsi que le statut d'allocataire qui en découle, avant de rappeler le montant de cette aide financière.

Conditions ouvrant droit à postuler à une allocation de recherche et statut de l'allocataire

L'allocation de recherche constitue un **contrat à durée déterminée** passé entre l'État et un doctorant afin de permettre à ce dernier de se consacrer pleinement à ses travaux de recherche pour la préparation de sa thèse. L'étudiant qui souhaite bénéficier d'une allocation de recherche doit en faire la demande, durant son année de master, auprès de l'école doctorale dans laquelle il souhaite s'inscrire en thèse.

Le décret n° 85-402 du 3 avril 1985 relatif aux allocations de recherche précise :

Article 3 : « ***L'allocataire est lié, par un contrat à durée déterminée, à l'État****, représenté par le chef d'établissement ou, pour les établissements dont la tutelle est assurée par d'autres ministères que le ministère chargé de l'enseignement supérieur, par le recteur de l'académie. La durée maximale du versement de l'allocation de recherche est fixée à trois ans. À la fin de chaque année, l'autorité désignée au premier alinéa peut mettre fin au contrat sur proposition motivée du responsable de l'école doctorale.* »

1. Suite à la déclaration de la ministre en date du 29 août, un nouvel arrêté est en cours de préparation.

À titre exceptionnel, à l'issue de la période d'allocation, au cas où un congé de maternité, un congé de maladie supérieur à quatre mois consécutifs ou un congé d'une durée au moins égale à deux mois faisant suite à un accident du travail, aurait été accordé en cours de contrat d'allocation, un nouveau contrat à durée déterminée pourra être établi si l'intéressé en fait la demande deux mois avant la fin de son contrat d'allocataire. La durée de ce nouveau contrat sera égale à la durée du congé, sans toutefois pouvoir excéder une année.

Les allocations de recherche sont attribuées aux établissements pour leurs écoles doctorales, compte tenu notamment de la qualité scientifique des équipes de recherche accueillant les doctorants et de la qualité de l'insertion professionnelle des diplômés. Les responsables de la formation doctorale en choisissent ensuite les bénéficiaires parmi les étudiants souhaitant préparer leur thèse en fonction d'une série de critères qui permettent d'apprécier leur aptitude à la recherche. **Chaque école doctorale détermine librement ses critères d'attribution et doit en informer les intéressés**.

Cette mission a été renforcée à l'occasion de la réforme de la formation doctorale intervenue en 2006 (arrêté du 7 août 2006 relatif à la formation doctorale), qui confie à chaque école doctorale le soin d'organiser « une procédure de choix des doctorants ouverte, lisible et équitable pour tous les candidats titulaires du grade de master, quel que soit leur établissement d'origine ».

Montant de l'allocation de recherche (arrêté du 23 février 2007)

Le montant mensuel **brut** de l'allocation de recherche s'élève actuellement à 1 530,77 euros, soit environ 1 266 euros net (*cf.* article 1er de l'arrêté du 23 février 2007 reproduit ci-dessus). La ministre a annoncé que ce montant serait revalorisé au 1er octobre. Depuis la loi de programme n° 2006-450 du 18 avril 2006 pour la recherche, le montant de l'allocation de recherche est indexé sur la valeur du point indiciaire de la fonction publique :

Article 6 : « Le premier alinéa de l'article L. 412-2 du Code de la recherche est remplacé par deux alinéas ainsi rédigés :

Afin de faciliter l'accès à la formation par la recherche, des allocations individuelles spécifiques sont attribuées sur des critères de qualité scientifique ou technique par l'État, les établissements publics d'enseignement supérieur, les établissements publics et les organismes publics et privés de recherche

***Les allocations de recherche sont indexées sur l'évolution des rémunérations de la fonction publique**. Toute personne morale publique ou privée peut abonder ces allocations par une indemnité. »*

Le monitorat d'initiation à l'enseignement supérieur

Les allocataires de recherche peuvent cumuler le montant de l'allocation de recherche avec celui du monitorat d'initiation à l'enseignement supérieur dont le montant est de 335 euros brut mensuel.

Créé par le décret n° 89-794 du 30 octobre 1989, le monitorat d'initiation à l'enseignement supérieur offre aux doctorants une initiation sur trois ans au métier d'enseignant-chercheur :

Article 1er : «Les étudiants qui souhaitent se préparer à des fonctions d'enseignant-chercheur bénéficient d'une formation par l'enseignement et la recherche à ces fonctions dans le cadre du monitorat d'initiation à l'enseignement supérieur.»

Pour devenir moniteur, le candidat doit préparer un doctorat et bénéficier d'une allocation de recherche ou d'une aide financière équivalente. Le monitorat permet une pratique d'enseignement (un tiers de service, soit 64 heures équivalent TD ou 96 heures équivalent TP annuelles) et une préparation aux fonctions d'enseignant-chercheur (environ dix jours de formation annuels) en parallèle d'activités de formation par la recherche.

La formation et la coordination des moniteurs sont assurées par les centres d'initiation à l'enseignement supérieur (CIES). Le moniteur effectue ses enseignements avec l'aide d'un enseignant-chercheur désigné comme tuteur. Il perçoit une indemnité de **335,39 euros mensuels bruts** qui s'ajoute à l'allocation de recherche qui lui est versée.

Les postes d'attachés temporaires d'enseignement et de recherche (ATER)

Le dispositif des ATER a été mis en place avec le décret n° 88-654 du 7 mai 1988 (*cf.* article ci-dessous) et modifié un an plus tard par le décret n° 89-795 du 30 octobre 1989. Il s'agit d'un dispositif complémentaire de celui des moniteurs ayant pour objectif la constitution et le renouvellement du vivier des enseignants-chercheurs à partir des doctorants et des titulaires d'un doctorat.

Article 5 : «Pour les agents engagés en application du 1° de l'article 2 ci-dessus, la durée du contrat est au maximum de trois ans. Le contrat peut toutefois être renouvelé une fois pour une durée d'un an lorsque les travaux de recherches de l'intéressé le justifient. La durée des fonctions de ces attachés temporaires d'enseignement et de recherche ne peut en aucun cas excéder quatre ans.»

Depuis 2001, les ATER sont nommés par les présidents des universités sur proposition des commissions de spécialistes des établissements, sur des emplois d'enseignants-chercheurs provisoirement vacants ou sur des crédits budgétaires alloués à cet effet par le ministère aux établissements d'enseignement supérieur. Avec la mise en œuvre de la LOLF, depuis le 1er janvier 2006, les présidents agissent en tant que représentants de l'État pour les recrutements d'ATER sur emplois vacants et en tant que chefs d'établissement pour les recrutements d'ATER sur crédits de subvention.

Qu'ils préparent une thèse de doctorat ou qu'ils soient déjà titulaires de ce diplôme, les ATER à plein temps sont redevables d'un service annuel d'enseignement de 128 heures de cours ou de toute combinaison équivalente, soit 192 heures de travaux dirigés ou 288 heures de travaux pratiques.

L'arrêté du 7 mai 1998 fixe leur condition de rémunération. Les ATER perçoivent le traitement brut mensuel correspondant à l'indice nouveau majoré de 441, s'ils sont à temps plein (soit 1 999,62 euros bruts mensuels – février 2007) ou à l'indice nouveau majoré de 311, s'ils sont à mi-temps (soit 1 410,16 euros bruts mensuels – février 2007).

À ce traitement, s'ajoute la prime de recherche et d'enseignement supérieur dont le montant annuel est, pour l'année universitaire 2006-2007, de 1 209,48 euros.

Les conventions industrielles de formation par la recherche (CIFRE)

Une CIFRE permet à un jeune chercheur de réaliser sa thèse en entreprise en menant un programme de recherche et développement en liaison avec une équipe de recherche extérieure à l'entreprise.

C'est une convention industrielle de formation par la recherche passée entre l'Association nationale de la recherche technique (ANRT), qui gère cette procédure pour le compte du ministère en charge de l'enseignement supérieur et de la recherche, et l'entreprise qui permet à un jeune chercheur de réaliser sa thèse en entreprise en menant un programme de recherche et développement en liaison avec une équipe de recherche extérieure à l'entreprise. Un contrat de travail à durée déterminée (d'une durée de trois ans, de manière dérogatoire) ou indéterminée est signé entre l'entreprise et le jeune doctorant. Une convention est conclue entre l'entreprise et l'établissement de tutelle du laboratoire réalisant l'encadrement du doctorant. C'est à cette double condition de contractualisation que l'ANRT conclut la convention avec l'entreprise.

Le dispositif, réévalué en juillet 2007, prévoit une subvention annuelle à l'entreprise de 17 000 euros par CIFRE, pour les trois années de la convention. L'entreprise versera au doctorant un salaire annuel brut d'un **montant au moins égal à 23 486 euros**.

Éléments de problématique

Il convient avant toute chose de présenter les différentes offres de financement.

Panorama des différentes offres de financement de thèse

Les allocations de recherche : bilan, perspectives

4000 allocations sont mises en place chaque année, soit un stock de 12000 allocations. Sur ces 4000 allocations annuelles, 500 sont réservées aux doctorants normaliens et polytechniciens, 30 au soutien de projets de coopération internationale, 3470 attribuées aux établissements et écoles doctorales (85 % sont contractualisées; 15 % demeurent fléchées annuellement sur les thématiques prioritaires).

Comme le précise le premier rapport de l'Observatoire de l'emploi scientifique[1], le nombre de doctorants dans les universités et les établissements assimilés, a augmenté de 9000 entre 2001 et 2005-2006, pour atteindre 70000 environ. Cela signifie que, **si le ministère maintient le nombre d'allocations de recherche fixé pour l'année 2007 à 11988 (4000 nouveaux financements de trois ans alloués par an), les allocations de recherche, à elles seules, couvriront donc dans les prochaines années environ 50 % des besoins de financement de thèses**, sous réserve de l'évolution des autres sources de financement.

La répartition des allocations de recherche par grand domaine scientifique, observée sur les cinq dernières années, est stable (*cf.* tableau ci-dessous).

Attribution des allocations de recherche de 2001 à 2006

		2001	2002	2003	2004	2005	2006
Sciences dures	unités	1889	1898	1856	1918	1906	1916
	%	*47,2 %*	*47,4 %*	*48,8 %*	*48,0 %*	*47,6 %*	***48,1 %***
Sciences du vivant	unités	847	832	803	863	891	864
	%	*21,1 %*	*20,8 %*	*21,1 %*	*21,6 %*	*22,3 %*	***21,7 %***
Sciences de l'homme et de la société	unités	1270	1271	1141	1211	1206	1206
	%	*31,7 %*	*31,8 %*	*30,0 %*	*30,3 %*	*30,1 %*	***30,2 %***
Total	unités	4006	4001	3800	3992	4003	3986
	%	*100 %*	*100 %*	*100 %*	*100 %*	*100 %*	***100 %***

Source : DGES-SRU.

1. *L'État des lieux de l'emploi scientifique en France.*

Au total, les crédits inscrits en loi de finances initiale pour la rémunération des allocataires de recherche atteignent près de 305 millions d'euros en 2007.

Dans le cadre de l'organisation de la campagne 2007 d'attribution des allocations de recherche, par circulaire en date du 7 avril 2007, le ministère en charge de l'enseignement supérieur et de la recherche a demandé aux présidents d'université et aux directeurs d'écoles doctorales, de veiller aux dispositions suivantes :

– la mise en œuvre d'une procédure permettant d'attribuer les allocations aux meilleurs étudiants sur les meilleurs sujets, qui doit être définie au sein de chaque école doctorale et placée sous la direction du conseil d'école doctorale. Il est souhaitable d'organiser la sélection des candidats sur la base d'un concours ouvert, comprenant un entretien d'évaluation de l'étudiant. Ces modalités d'organisation sont adoptées par la grande majorité des écoles doctorales de sciences exactes, qui procèdent le plus souvent à une audition de chaque candidat en vue notamment d'apprécier directement leur aptitude à la recherche et leur capacité à restituer leur sujet de thèse dans l'environnement scientifique;

– la nécessité de doter chaque appel à candidature lancé par une école doctorale d'une information la plus large possible. Pour améliorer la qualité du recrutement et la visibilité de leur établissement, l'information sur les sujets de thèse sélectionnés, susceptibles de recevoir une allocation de recherche, doit être largement diffusée, notamment par l'intermédiaire des sites internet des écoles doctorales (noter que les écoles doctorales de sciences exactes ont, pour bon nombre d'entre elles, développé une version en langue anglaise de leur site en ligne).

La nécessité de la modification du décret relatif aux allocations de recherche

Un certain nombre de mesures relatives aux allocations de recherche, prévues dans la loi de programme du 18 avril 2006 pour la recherche, impliquent à terme, des modifications du décret relatif aux allocations de recherche.

Renforcer la culture du résultat dans le contrat de l'allocataire de recherche

Le nouveau cadre législatif et le cadrage national de la formation doctorale assure la reconnaissance du doctorant en tant que jeune chercheur, pleinement associé à la politique de recherche de son établissement et de son unité de recherche. Une attention accrue mérite d'être apportée à certains aspects relatifs aux conditions de réalisation des thèses, notamment le taux de soutenance des allocataires de recherche et le suivi de la progression du projet de recherche des allocataires au cours des trois années de thèse.

Actuellement, la seule contrainte imposée à l'allocataire est le remboursement partiel en cas de démission volontaire au cours de la première année. Par ailleurs, à la fin de chaque année, le chef d'établissement peut mettre fin au contrat sur proposition motivée du directeur de l'école doctorale.

Ces dispositions pourraient être renforcées et complétées par une nouvelle mesure concernant l'engagement de soutenir sa thèse dans un délai très rapproché au-delà du terme du contrat. La réflexion sur cette évolution du contrat d'allocataire pourrait notamment s'orienter vers le type de dispositions suivantes :
– un conditionnement du renouvellement annuel de l'allocation de recherche (par exemple, sur la base du rapport de progression du projet de recherche qui est obligatoirement remis au directeur d'école doctorale par le directeur de recherche, préalablement à la réinscription administrative annuelle de chaque doctorant);
– une procédure de recouvrement des sommes versées au titre de l'allocation de recherche dans le cas où la thèse n'est pas soutenue, à l'image du dispositif mis en place pour les élèves des écoles normales supérieures.

La revalorisation du montant de l'allocation de recherche

Il est prévu de porter le montant de l'allocation de recherche à 1,5 fois le SMIC.

Le monitorat d'initiation à l'enseignement supérieur : bilan et perspectives

Depuis 1989, plus de 30 000 doctorants ont bénéficié de ce dispositif. L'objectif visé lors de sa création consistait à répondre aux besoins croissants de recrutement dans l'enseignement supérieur et à l'arrivée massive de nouveaux étudiants dans les universités.

Il s'agissait alors de constituer, parmi les doctorants, un vivier de jeunes chercheurs de très haut niveau et de les inciter à s'orienter vers le métier d'enseignant-chercheur. Depuis trois ans, la mission des CIES a été élargie pour faire face à de nouveaux défis : lutter contre la désaffection des filières scientifiques et améliorer l'insertion professionnelle des jeunes chercheurs.

Cette évolution s'est traduite, depuis la rentrée universitaire de 2004, par la mise en œuvre d'un nouveau cahier des charges intégrant dans leurs missions la formation des moniteurs à la diffusion de la culture scientifique et technique et une initiation au monde de l'édition. Les premiers moniteurs qui auront bénéficié de cette formation élargie achèveront leur monitorat au cours de l'année universitaire 2006-2007.

Au 1er janvier 2007, on dénombrait 6 701 moniteurs (pour un stock théorique de 6 900 moniteurs), dont 8 % n'étaient pas allocataires de recherche mais bénéficiaient d'un régime comparable d'aide à la préparation du doctorat. Environ la moitié des moniteurs assure un service d'enseignement dans les disciplines de sciences exactes, 36 % en sciences humaines et sociales, et 13 % en sciences du vivant.

Le tableau ci-dessous présente la synthèse des résultats de l'enquête conduite annuellement auprès des moniteurs qui ont achevé leur monitorat en 2003, 2004 et 2005 sur leur devenir académique et professionnel :

Devenir professionnel des moniteurs des promotions 2003, 2004 et 2005 observé 3 mois après la sortie du dispositif – enquête CIES

	Insertion université				« Post-doc »	Org. rech.	Ens. 2^{d} deg	Secteur privé	Autres	Rech. emploi	Sans réponse
	MCF	ATER	PRAG	Total							
2005	15	1136	21	931	232	20	53	39	187	75	283
%	*1 %*	*55 %*	*1 %*	*57 %*	*11 %*	*1 %*	*3 %*	*2 %*	*9 %*	*4 %*	*14 %*
2006	12	1199	14	992	306	30	63	51	155	57	316
%	*1 %*	*55 %*	*1 %*	*56 %*	*14 %*	*1 %*	*3 %*	*2 %*	*7 %*	*3 %*	*14 %*

Source : DGRH/A1-1.

• Aujourd'hui, la dynamique impulsée par la mise en œuvre de nouvelles fédérations – pôles de recherche et d'enseignement supérieur (PRES), pôles de compétitivité, réseaux thématiques de recherche avancée (RTRA), etc. – ainsi que les nouvelles orientations du Pacte pour la recherche en matière de formation doctorale incitent à repositionner les CIES dans le nouveau paysage universitaire.

Dans cette hypothèse, il conviendra de mener une réflexion sur le rôle des CIES au sein de ce dispositif et, plus généralement, sur leur place dans le nouveau paysage universitaire français.

Les postes d'attachés temporaires d'enseignement et de recherche (ATER) : bilan et perspectives

Les ATER sont recrutés en fonction de leur appartenance à l'une des catégories suivantes : enseignant du second degré (essentiellement professeur agrégé), fonctionnaire de catégorie A (autre qu'enseignant), enseignant ou chercheur de nationalité étrangère, moniteur docteur ou en dernière année de doctorat, doctorant en dernière année de doctorat, docteur ou titulaire d'une habilitation à diriger des recherches (HDR). **Selon la catégorie d'appartenance, la durée du contrat d'ATER varie de une à quatre années au maximum**. En 2006, les titulaires d'un doctorat relevant de l'ensemble des catégories ci-dessus, étaient au nombre de 1648, soit 22,6 % des ATER en fonction.

De 1999 à 2006, les effectifs physiques d'ATER ont augmenté à un rythme annuel moyen de 4,2 % par an, passant de 5485 en 1999 à 7302 en 2006.

Répartition des ATER selon leur catégorie d'origine, de 2002 à 2006

	2002	2003	2004	2005	2006
Enseignants du second degré	645	944	987	1094	969
Autres fonctionnaires	252	69	59	61	78
Enseignants étrangers	67	51	90	107	84
Total autres 2nd degré, agents publics et enseignants étrangers	***964***	***1064***	***1136***	***1262***	***1131***
Moniteurs	599	547	630	880	842
Doctorants (dernière année de doctorat)	3670	4182	4240	4132	4244
Docteurs	1100	991	1083	1052	1085
Total	6333	6784	7089	7326	7302

Source : DGES.

En écho aux préconisations sur l'enseignement contenues dans la Charte européenne du chercheur, une réflexion pourrait être engagée sur la valorisation des activités d'enseignement dans la carrière du chercheur et sur l'opportunité d'offrir aux ATER une formation dédiée à ces activités (par exemple, certains CIES accueillent les ATER lors des stages qu'ils organisent au bénéfice des moniteurs).

Les CIFRE et CIFRE-CRAPS

Étant donné leur intérêt à la fois pour ce thème et le thème VI («Ouverture des formations doctorales vers les entreprises»), il est fortement recommandé de se reporter à ce dernier thème pour obtenir plus de détails sur les modalités de ces conventions qui participent, elles aussi, au financement des thèses.

Les autres supports de financement de thèse

Les autres supports de financement des thèses représentent **47 % des thèses financées**.

• Les **supports de financement alloués par des organismes de recherche** (9 % des supports de financement). Ces financements relèvent des établissements eux-mêmes et sont conclus sous la forme de contrats à durée déterminée (trois ans).

• Les **supports de financement alloués par des grandes écoles et écoles d'ingénieur** (9 % des supports de financement). Ces financements ont en commun leur forme juridique (contrats à durée déterminée de trois ans), et sont directement conclus par ces écoles.

• Les **supports de financement alloués par des régions** (contrats à durée déterminée de trois ans).

• Les **financements de thèse pour les doctorants étrangers** représentent 17 % des financements soit environ 1800 supports de financement de thèse en 2005.

Note : sont exclus de ce champ les financements de mobilité doctorale (par exemple les financements de mobilité attribués par les collèges doctoraux binationaux, le programme de mobilité de l'Union européenne – Actions Marie-Curie) qui sont des aides cumulables avec un financement de thèse, mais ne s'y substituent pas.

Les financements de thèse pour les doctorants étrangers hors financement des mobilités peuvent s'appuyer sur deux types de cadres juridiques très différents :

– les programmes de séjour et d'échange conférant à leurs bénéficiaires la qualité de boursiers du gouvernement français (programme Lavoisier, programme bilatéraux); c'est également le cas des financements de thèse ressortant de la politique de la francophonie (AUF);

– les financements de thèse consentis aux doctorants boursiers de leur gouvernement. Ces financements relèvent de réglementations particulières définies soit au sein des grandes agences de mobilité des pays étrangers (par exemple : bourses du *British Council*, bourses de l'Institut Goethe) soit des ministères de l'Enseignement supérieur et de la Recherche étrangers.

Il convient, en termes de périmètre, d'indiquer que la réflexion sur ces programmes de financement est essentiellement organisée dans un cadre interministériel puisque **le statut des boursiers du gouvernement étranger repose sur une compétence du ministère des Affaires étrangères**. Elle porte actuellement sur l'harmonisation des conditions de mise en œuvre des différents programmes internationaux, et s'articule autour de deux chantiers stratégiques :

– la création du GIP CampusFrance permet le regroupement des opérateurs du dispositif de promotion de l'enseignement supérieur en France jusqu'ici assuré par l'agence EduFrance avec deux autres opérateurs de la mobilité universitaire et scientifique, le CNOUS et EGIDE, qui assurent, pour le compte du ministère des Affaires étrangères, la gestion des instruments de la coopération universitaire, dont les bourses du gouvernement français. Ils assurent ce même service pour les bourses des gouvernements étrangers;

– la rénovation du texte régissant le statut des boursiers du gouvernement français.

• Les **financements consentis par d'autres ministères** que le ministère de l'Enseignement supérieur et de la Recherche sont régis essentiellement par des réglementations particulières : du ministère en charge de la culture et de la communication pour les allocations doctorales destinées aux doctorants en architecture, du ministère de l'Économie, des Finances et de l'Emploi (programme « FACE ») et des ministères de l'Agriculture et de la Défense.

• Les **financements consentis par les entreprises (hors CIFRE)** représentaient, en 2005, 2 % du total des thèses financées. Ils prennent la forme de contrats de travail à durée déterminée, en règle générale

de trois ans. Ces financements appellent deux séries de remarques particulières :
- les données statistiques disponibles présentent de considérables difficultés d'analyse : hormis les financements de thèse accordés par des entreprises à des étudiants en fin de formation initiale au niveau master, une part non négligeable des thèses engagées par des salariés (47 % du total des premières inscriptions) correspond à des projets de recherche engagés par un salarié dans le cadre de la politique de développement technologique de son entreprise. Cette proportion des inscriptions en doctorat, liée à l'effort privé de R & D, est mal identifiée à l'heure actuelle ;
- les caractéristiques françaises, en la matière, tiennent moins au cadre juridique, qu'au poids financier assez faible de ces financements (2 %) par rapport aux données observées dans d'autres pays à fort potentiel scientifique et technologique (États-Unis, Japon et pays scandinaves, notamment).

• Les **financements de thèses mis en œuvre par des fondations ou associations caritatives** l'ont été, historiquement, le plus souvent sous forme de bourses, considérées comme des **libéralités**, sujet qui appelle des développements spécifiques.

Le financement, incitation à défendre l'attractivité du dispositif de formation doctorale français

La possibilité d'une extension du nombre de doctorants bénéficiant d'un financement public mérite d'être étudiée si l'on souhaite garantir l'attractivité du dispositif de formation doctorale dans un contexte qui est marqué à la fois :
- par des perspectives de renouvellement du nombre important de scientifiques partant au cours des six à sept prochaines années (*cf.* études OST-2006/2007) ;
- par une relative désaffection des étudiants pour la filière scientifique universitaire ;
- par un nouveau vivier d'étudiants niveau master des grandes écoles et des écoles d'ingénieurs envisageant la préparation d'une thèse.

Sur un flux de 18500 premières inscriptions en doctorat depuis deux à trois ans, on relève :
- une proportion de doctorants exerçant une activité professionnelle régulière qui s'élève à environ 7100 à 7500 premières inscriptions annuelles ;
- un nombre (à peu près constant sur deux ans) de 10500 inscriptions qui sont assorties d'un financement de thèse (*cf.* résultats enquête SIREDO 2005 et 2006).

C'est ce volume de 10000 à 10500 inscriptions qui constitue la base de la réflexion sur la qualité des supports de financement de thèse assortis d'un contrat chaque année. Cette évaluation n'intègre pas les hypothèses d'augmentation du vivier.

Les opportunités d'élargissement du financement privé des thèses

La loi de programme pour la recherche et la loi relative aux libertés et responsabilités des universités offrent de nouveaux outils qui devraient permettre d'étendre les sources de financement des thèses (PRES, Fondation de coopération scientifique des RTRA et CTRS, fondations, mécénat de doctorat).

Les cofinancements de collectivités territoriales et d'entreprises ainsi que les financements mixtes proposés par l'Institut Pasteur pourraient également constituer des pistes d'élargissement du financement privé des thèses.

Ces pistes seront complétées par le renforcement des mesures incitatives de type Ari-Doc auprès des entreprises (*cf.* thème IX sur ce sujet).

Sur cette question du financement des thèses, il est à souligner que le rapport FutuRIS de juin 2005 a défendu l'idée selon laquelle «il serait souhaitable de faire augmenter progressivement le pourcentage de doctorants financés».

Données statistiques générales : *cf.* annexe du thème IV.

Propositions des organisations représentatives

L'allocation de recherche

En ce qui concerne la **revalorisation de l'allocation de recherche**, une grande majorité d'organisations représentatives y est favorable, notamment la **Confédération étudiante**, la **FAGE**, la **FNSAESR-CSEN** et le **SNIRS (CFE-CGC)**. Plus spécifiquement, le **SNESUP-FSE**, l'**UNEF**, le **SGEN-CFDT**, le **SNCS-FSU**, le **SCENRAC-CFTC** ainsi que la **CFTC-INRA** demandent à ce que cette revalorisation permette à l'allocation d'atteindre au moins 1,5 fois le SMIC. Le **MEDEF** souhaite atteindre également cet objectif. La **CJC** demande, quant à elle, une augmentation de 21 % pour 2008 (qu'elle chiffre à 61,1 millions d'euros) ainsi qu'une progression annuelle. Elle demande spécifiquement que l'allocation corresponde en première année à un salaire équivalent à l'indice 385 de la fonction publique (soit 1746 euros bruts mensuels au 1er février 2007), en deuxième année à un salaire équivalent à l'indice 408 (1850 euros bruts mensuels) et, enfin, en troisième année à un salaire équivalent à l'indice 430 (soit 1950 euros bruts mensuels). De son côté, le **SNTRS-CGT** demande à ce que l'allocation soit portée immédiatement à 2 000 euros.

Plusieurs acteurs de la recherche réclament **l'augmentation du nombre des allocations de recherche**. C'est notamment le cas de la **Confédération étudiante**, du **SGEN-CFDT**, de **SLR**, de la **FAGE**, de

Sup'Recherche-UNSA, du **SNTRS-CGT** (en fonction des disciplines et de leurs besoins) et de la **SNESUP-FSU**, qui, à l'instar de l'**UNEF**, demande le doublement de leur nombre.

Au chapitre des autres propositions, la **FNSAESR-CSEN** propose que les allocations soient réparties entre les laboratoires ou les équipes par le ministère en fonction des débouchés.

La **CJC** propose de créer un système de **contingent d'allocations de recherche** afin de «récompenser» les établissements s'engageant sur la voie d'une hausse du taux de financement de leurs doctorants. L'**ANDèS** et l'**UNI** (en faveur de la création d'indicateurs de qualité conditionnant le financement des laboratoires) défendent la même idée, sous des modalités légèrement différentes.

La **CJC** souhaite une formalisation et une publicisation d'une procédure d'attribution des allocations de recherche.

Le **MEDEF** souhaite que soit permis le cumul de l'allocation de recherche, éventuellement sous conditions à définir (plafond, «sanctuarisation» du temps indispensable à la conduite de la thèse), avec d'autres sources de financement, comme c'est déjà le cas avec le monitorat d'initiation à l'enseignement supérieur : stage d'initiation à l'entreprise, monitorat, financements et abondements divers... Il se pourrait alors que soit permise «une simple interruption de l'allocation de recherche dans le cas où une mission effectuée dans une entreprise privée serait associée à une rémunération suffisamment significative pour remettre en question le principe de l'allocation». En contrepartie de l'allocation de recherche, le MEDEF souhaiterait voir l'instauration d'une culture du résultat (engagement de soutenir la thèse dans un certain délai, renouvellement annuel décidé en prenant en compte le rapport de progression du sujet de thèse, procédures de recouvrement en cas d'absence de soutenance...). Ainsi, il s'agirait de veiller à la mise en œuvre de la circulaire du 7 avril 2007 définissant une procédure destinée à attribuer les allocations aux meilleurs étudiants travaillant sur les meilleurs sujets (ne pas saupoudrer; maintenir l'exigence de l'excellence).

Le monitorat d'initiation à l'enseignement supérieur

Le **SNTRS-CGT** ainsi que la **FNSAESR-CSEN** et la **FNSER** souhaitent que le monitorat soit proposé, accessible, à tous les allocataires qui le souhaitent.

Pour le **SNIRS (CFE-CGC)**, l'utilisation du monitorat doit être encouragée pour les futurs enseignants-chercheurs.

Le **SNESUP-FSU** souhaite le retrait de la formule du monitorat au profit d'un statut de fonctionnaire stagiaire.

La **FNSAESR-CSEN** est opposée à toute fonctionnarisation des thésards mais demande une protection sociale des jeunes chercheurs, et notamment pour ceux étant moniteurs.

Les ATER

Pour l'**UNEF**, l'attribution des financements et des postes d'ATER devrait se faire dans davantage de transparence et selon des critères précis tels que le projet de recherche, la situation sociale de l'étudiant, etc. Après examen des dossiers par une commission pluridisciplinaire composée d'enseignants-chercheurs et d'étudiants, l'attribution devrait ainsi être votée par le conseil scientifique. Enfin, l'organisation demande le versement aux établissements d'enseignement supérieur et de recherche d'une compensation permettant de financer l'ensemble des cotisations sociales des ATER puisque, selon l'organisation, «le transfert du paiement des cotisations sociales des ATER aux universités en 2006 n'a pas été compensé suffisamment par l'État [...]».

Le **SNESUP-FSU** souhaite le retrait de la formule des ATER au profit d'un statut de fonctionnaire stagiaire.

La **FNSAESR-CSEN** est opposée à toute fonctionnarisation des thésards mais demande une protection sociale des jeunes chercheurs, et notamment ceux étant ATER. L'organisation souhaite établir une distinction entre deux types d'ATER :
- ceux correspondant à des besoins ponctuels;
- ceux de trois ans qui offrent des possibilités d'accès à des postes titulaires au sein de la recherche. La FNSAESR-CSEN souhaiterait une augmentation de ce type d'ATER (avec publication nationale), au bénéfice notamment des disciplines où l'agrégation du secondaire est un «plus».

Les CIFRE

Les **CIFRE** sont particulièrement encouragés par les organisations représentatives. Ainsi, la **FNSAESR-CSEN**, l'**UNI**, **Sup'Recherche-UNSA** et le **MEDEF** souhaitent notamment un élargissement des CIFRE. La **CJC** demande une meilleure communication sur cette formule qui, comme elle le rappelle, ne concerne pas seulement les entreprises. Le **SNESUP-FSU** est également favorable au développement de la formule des CIFRE. Le monitorat en entreprise devrait être également développé selon l'**UNI**, **SLR** et le **SNIRS (CFE-CGC)**. La **CJC** est sur la même ligne, à la condition que cette formule ne se transforme pas en stage.

La situation des doctorants étrangers

SLR plaide pour «l'amélioration du financement des doctorants étrangers en France (environ 30 % du total), pour lesquels un accueil de qualité et un financement correct devraient être assurés». L'organisation souligne notamment que l'obtention d'un titre de séjour mention «salarié» devrait être la norme pour tous les doctorants étrangers. Une alternative possible est le titre de séjour mention «scientifique», qu'il suffirait d'adapter pour permettre son obtention par des doctorants. Toujours selon SLR, actuellement, les «libéralités» ou «bourses» versées par les pays sont souvent peu compatibles avec le coût de la vie en France. Il est donc souhaité que des compléments de financement puissent être trouvés, sous réserve de la qualité du projet et dans le cadre d'accords culturels entre la France et les pays concernés. D'autre part, les thèses en cotutelle pourraient être développées en améliorant les conventions entre universités françaises et étrangères.

L'**UNEF** et **SUD-Recherche-EPST** réclament l'égalité des droits entre doctorants français et étrangers. Ce dernier souligne notamment les différences existantes en matière d'indemnisation du chômage entre doctorants français et étrangers : les derniers ne bénéficiant pas de la carte séjour «salarié» (même lorsqu'ils sont titulaires d'un CDD), se voient privés de cette indemnisation.

Le **SNTRS-CGT** demande à ce que les doctorants étrangers bénéficient de bourses suffisantes pour «vivre décemment».

Pour la **Confédération étudiante**, «l'accueil des jeunes chercheurs étrangers est à améliorer, notamment administrativement, avec une présentation du système français de recherche et des contraintes de financement». Selon l'organisation, une réforme des dispositifs de bourse à destination des doctorants étrangers s'impose.

Le **SGEN-CFDT** souhaite que les dispositifs de bourse pour les doctorants étrangers venant en France soient révisés afin de les rendre comparables aux pratiques existantes pour les doctorants français. Un doctorant étranger salarié devrait recevoir, en outre, un titre de séjour avec mention «salarié».

La **FAGE** demande un statut pour les doctorants étrangers.

La **CJC** a établi une note (octobre 2005) sur la situation administrative des doctorants étrangers en France. L'organisation établit une distinction entre deux types de doctorants étrangers :
– les salariés sur CDD (de un à trois ans en général). L'organisation pointe du doigt le fait que les titres de séjours attribués aux doctorants ne sont pas adaptés à leur situation. Étant salariés, ceux-ci devraient bénéficier d'une carte de séjour temporaire mention «salarié». Or, ce titre de séjour n'est pas délivré, et les services en charge lui préfèrent un titre de séjour temporaire avec mention «étudiant» ce qui pose de multiples problèmes : représentation des papiers à la DDTEFP tous les neuf mois, dysfonctionnements en début d'année universitaire (impossibilité de se voir payer parfois), etc. Certains doctorants se voient même parfois décernés par les préfectures qui manquent d'instructions claires des cartes de séjour temporaire avec mention «travailleur temporaire»;
– les bénéficiaires d'une «libéralité», c'est-à-dire d'une rémunération sans cotisation sociale attribuée pour leur travail de recherche, et ceux

qui ne sont pas rémunérés. Cette catégorie regroupe naturellement les situations les plus difficiles. Le problème majeur, outre le financement, réside dans l'inadaptation du titre de séjour mention «étudiant» à la situation de ces jeunes docteurs.

La CJC demande donc une harmonisation des procédures entre les préfectures, ainsi qu'au sein des préfectures, qui prennent en compte la spécificité du doctorat. Enfin, la CJC souligne le manque d'information des doctorants étrangers et indique que les universités elles-mêmes ne savent pas toujours comment fonctionne le système : elle suggère **l'élaboration d'un guide** à destination de tous les acteurs impliqués.

L'**IGAENR** intervient sur la question des doctorants étrangers *via* l'une de ses recommandations : «Améliorer l'accueil des doctorants, des postdoctorants, des enseignants-chercheurs, des chercheurs et des ingénieurs, en provenance de pays étrangers; nommer dans les établissements des correspondants chargés de cet accueil, en contact avec les centres de mobilité du réseau européen ERA-MORE; renforcer l'attractivité et la visibilité internationale des offres de formation et de recherche proposées; veiller aux conditions susceptibles d'inciter ces personnels à se fixer en France : de telles dispositions doivent figurer au rang des priorités de la politique de gestion des ressources humaines des établissements publics de recherche et d'enseignement supérieur et bénéficier du soutien permanent des tutelles.»

Autres propositions

Le **SCENRAC-CFTC** de même que la **CFTC-INRA** s'affirment en faveur d'un développement du financement d'origine privée.

Pour **SLR**, il conviendrait de faciliter les financements par des consortiums (public, privé, fondations, parapublic, etc.).

Les «libéralités» prêtent particulièrement à critique : la majorité des acteurs de la recherche souhaite leur résorption. Ainsi, la **CJC** demande leur fin *via* une meilleure communication sur la législation du travail auprès des recruteurs ainsi que *via* la signature d'un protocole avec les bailleurs finançant autrefois ces «libéralités». Le **SNTRS-CGT**, le **SGEN-CFDT**, le **MEDEF** et **SLR** réclament le remplacement des libéralités par un contrat de travail. L'**UNEF** propose, sur cette question, le versement d'une compensation permettant de financer l'ensemble des cotisations sociales des anciennes libéralités. Le **SNIRS (CFE-CGC)** et la **Confédération étudiante** plaident pour la résorption totale des libéralités.

Le **SNIRS (CFE-CGC)** précise que la notion d'attachés de recherche, préexistant au statut de titulaire, est une piste intéressante en ce qui concerne le développement du financement.

La **FNSAESR-CSEN** et la **Confédération étudiante** conseillent d'améliorer l'information aux étudiants sur les doctorats et leurs opportunités de financement.

La **CGPME** prône un financement recherché par les thésards mais gérés par les laboratoires, voire les écoles doctorales. Elle souhaite également que plus de flexibilité soit introduite dans les rémunérations multiples.

Le **SNPREES-FO** souhaite «l'ouverture de négociations dans le cadre des statuts de la fonction publique pour trouver des solutions statutaires».

Outre une réflexion sur la possibilité d'une extension du dispositif de l'apprentissage aux doctorants (exemple des ingénieurs), le **MEDEF** demande l'élargissement de manière souple mais cohérente à de nouvelles possibilités de financements des thèses (PRES, Fondation de coopération scientifique des CTRA et CRTS, fondations d'entreprise...).

D'autres organismes interviennent sur la question de l'extension du financement

L'**ANDèS** insiste dans l'une de ses notes («Consolider le doctorat») sur le besoin de moyens techniques et *financiers* pour garantir l'avancement du travail de recherche. Elle propose également, plutôt qu'un statut du doctorant, un «dispositif de contrats d'études» attribués au mérite et assortis d'une obligation de résultats, accessible dès la première année d'enseignement supérieur.

Le **groupe Glaizer** (agence en innovation) propose des pistes quant au financement des doctorats. Le projet consisterait à diminuer le nombre d'allocations de recherche tout en instaurant un cofinancement public (majoritaire)-privé (PME-PMI et «autres contribuables») afin de concentrer les moyens sur des projets doctoraux s'inscrivant davantage dans une logique de coopération entre l'État (définition des orientations et allocation des ressources publiques) et le tissu économique. Le doctorant partagerait alors son temps entre son projet de recherche et un service aux entreprises assurant le cofinancement de son doctorat, ce qui, au final, devrait lui permettre une meilleure insertion professionnelle à l'issue de sa formation doctorale. Quant aux étudiants ne s'inscrivant pas dans ce schéma, le groupe Glaizer propose qu'ils continuent à dépendre intégralement des fonds publics.

La **CPU** souhaite une globalisation des moyens alloués aux établissements concernant les études doctorales, notamment des allocations de thèse. Un contrôle *a posteriori* pourrait être instauré.

Eurocadres souligne qu'en rémunérant un *travail* et non pas un *processus de formation*, la France se place en porte-à-faux avec le processus de Bologne.

Sur cette question, les organisations représentatives montrent une grande unité dans leurs propositions : revalorisation des allocations de recherche et augmentation de leur nombre sont les deux éléments les plus revendiqués par les acteurs représentatifs, à l'exception de la CGPME. De nombreuses pistes sont également évoquées pour développer les solutions permettant davantage de financements d'origine privée (développement des CIFRE, notamment) et la situation des doctorants étrangers fait l'objet d'une attention toute particulière.

Recommandations IV du Conseil

• L'allocation de recherche doit être d'un montant au moins égal à 1,5 fois le SMIC, les allocataires devant bénéficier de toute la protection sociale afférente (droits à la retraite, notamment). Par ailleurs, le Conseil recommande l'extinction des libéralités et le développement d'autres modes de financement.

• S'agissant de la situation des doctorants étrangers, le Conseil supérieur de la recherche et de la technologie fait sienne une partie des recommandations de l'Inspection générale de l'administration de l'Éducation nationale et de la Recherche qui propose d'« améliorer l'accueil des doctorants, des postdoctorants, des enseignants-chercheurs, des chercheurs et des ingénieurs, en provenance de pays étrangers ; nommer dans les établissements des correspondants chargés de cet accueil, en contact avec les centres de mobilité du réseau européen ERA-MORE ; renforcer l'attractivité et la visibilité internationale des offres de formation et de recherche proposées ».

• L'allocation de recherche doit être soumise à renouvellement annuel afin d'éviter les situations d'échec.

• Recommandation du Conseil en ce qui concerne les CIFRE : *cf.* recommandations VI.

THÈME V

L'encadrement de la thèse

État du droit

L'arrêté du 7 août 2006 relatif aux études doctorales a rendu obligatoire la détermination dans chaque université du nombre maximal de doctorant par directeur de thèse :

Article 17 : « [...] Le conseil scientifique de l'établissement arrête le nombre maximum de doctorants encadrés par un directeur de thèse, éventuellement en fonction des champs disciplinaires concernés, après avis des conseils des écoles doctorales. À cet égard, les dispositions arrêtées par les établissements sont prises en compte dans l'évaluation périodique des écoles doctorales. »

Le même article 17 précise que les fonctions de directeur (ou codirecteur) de thèse peuvent être exercées :
« – par les professeurs et assimilés au sens des dispositions relatives à la désignation des membres du Conseil national des universités ou par des enseignants de rang équivalent qui ne dépendent pas du ministère de l'Éducation nationale ; par les personnels des établissements d'enseignement supérieur, des organismes publics de recherche et des fondations de recherche, habilités à diriger des recherches ;
– par d'autres personnalités, titulaires d'un doctorat, choisies en raison de leur compétence scientifique par le chef d'établissement, sur proposition du directeur de l'école doctorale et après avis du conseil scientifique de l'établissement. »

Trois points plus spécifiques nécessitent une attention particulière dans le cadre de ce thème portant sur l'encadrement de la thèse : il s'agit de l'habilitation à diriger des recherches, de la cotutelle de thèse ainsi que des CIFRE.

L'habilitation à diriger des recherches (HDR)

L'HDR fut instaurée par l'arrêté du 5 juillet 1984 et fut modifiée à plusieurs reprises par la suite. Le texte servant de base juridique au système actuel est l'**arrêté du 23 novembre 1988** (modifié par l'arrêté du

25 avril 2002). L'HDR est un diplôme national qui est délivré par les universités et par les établissements d'enseignement supérieur public figurant sur une liste établie par le ministre chargé de l'enseignement supérieur, après avis du Conseil national de l'enseignement supérieur et de la recherche. Pour pouvoir l'obtenir, et ainsi être habilités à devenir directeurs ou codirecteurs de thèse, les candidats doivent impérativement avoir d'ors et déjà un doctorat. L'arrêté du 23 novembre 1988 décrit l'HDR de la façon suivante :

Article 1er : «L'habilitation à diriger des recherches sanctionne la reconnaissance du haut niveau scientifique du candidat, du caractère original de sa démarche dans un domaine de la science, de son aptitude à maîtriser une stratégie de recherche dans un domaine scientifique ou technologique suffisamment large et de sa capacité à encadrer de jeunes chercheurs.

Elle permet notamment d'être candidat à l'accès au corps des professeurs des universités.»

La cotutelle de thèse

La procédure des cotutelles de thèse est régie en France par l'**arrêté du 18 janvier 1994** relatif à la création d'une procédure de cotutelle de thèse entre établissements d'enseignement supérieur français et étranger. D'après ce texte, cette procédure permet, lorsqu'un accord noue un établissement français avec un homologue étranger, à un doctorant d'effectuer sa thèse sous la direction d'un directeur de recherche français et d'un autre, étranger. La procédure prévoit que le doctorant effectue sa thèse aussi bien en France que dans le pays où est situé l'établissement de cotutelle. Une soutenance unique, reconnue par les deux autorités de tutelle, permet ainsi au doctorant de promouvoir la coopération internationale en matière de recherche et d'acquérir des compétences supplémentaires.

Les CIFRE

Cf. thème VI.

Éléments de problématique

Il n'existe à ce jour aucune synthèse de données relative aux habilitations à diriger des recherches (HDR). Il serait souhaitable que les services du ministère de l'Enseignement supérieur et de la Recherche se penchent particulièrement sur cette question afin que l'ensemble des acteurs de la recherche, dont le Conseil supérieur de la recherche et de la technologie, bénéficient de données exploitables.

L'expérience conduite par l'Institut national des sciences et techniques nucléaires (INSTN), établissement public d'enseignement supérieur rattaché au Commissariat à l'énergie atomique (CEA), peut constituer une source d'inspiration en matière de formation des encadrants de thèse. L'Institut prévoit notamment des stages de formation et porte, de façon générale, une attention particulière à l'encadrement, aussi bien sur l'expertise scientifique que sur les aspects plus pratiques. Ainsi, l'INSTN fournit une formation au « management de la recherche et de l'innovation », d'une part, et de « gestion et valorisation de la thèse et du postdoctorat » d'autre part. Au titre de cette formation, les encadrants de thèse se voient ainsi proposer d'aborder dans le cadre de deux modules, les sujets suivants : la réforme des écoles doctorales et la politique des thèses, la Charte des thèses, la conduite de thèse comme un projet, les outils de management (*coaching*), la situation actuelle de l'emploi des docteurs, le marché de l'emploi (secteurs, métiers, compétences...), les aides à l'insertion professionnelle proposées aux doctorants, et enfin, le retour sur l'expérience pratique et les échanges avec les doctorants.

Propositions des organisations représentatives

La **CJC** affirme être favorable au coencadrement (un directeur de recherche officiel et un autre chercheur ou enseignant-chercheur, titulaire ou non d'une habilitation à diriger des recherches [HDR]) mais, devant certains problèmes (codirecteurs de recherche « prête-nom », notamment) et « face à l'hétérogénéité des pratiques, il convient donc de prendre en compte dans la réglementation la possibilité d'un coencadrement et d'en clarifier les contours. » Le coencadrant doit donc : être un chercheur titulaire, car il doit pouvoir assurer sa fonction d'encadrement sur toute la durée du doctorat, et avoir une expérience suffisante pour envisager la préparation d'une HDR (cette fonction de coencadrant pouvant alors être un des éléments entrant dans la préparation de cette habilitation). Enfin, la CJC préconise de former les responsables de projets doctoraux pour qu'ils soient à même de monter et gérer des projets, d'assurer une veille sur les appels d'offres et, enfin, d'intéresser des partenaires et de les démarcher en vue de développer des collaborations. Cette formation pourrait être assurée par les établissements auxquels sont rattachés les responsables de projets doctoraux.

Le **SCENRAC-CFTC** déplore le trop grand nombre de doctorants sous-encadrés et souligne notamment le lien entre cette question et celle du financement (et notamment son absence).

La **FNSAESR-CSEN** demande un meilleur encadrement en préconisant trois pistes : la limitation du nombre de doctorants par directeur de recherche, la nécessité d'une structure de suivi tout au long de la thèse et des contacts réguliers entre le thésard et le directeur de recherche.

La **CFTC-INRA** appelle à un suivi renforcé des étudiants dans les secteurs où il est peu développé et évoque notamment les situations abusives pour lesquelles «les directeurs de thèse encadrent parfois plus de dix étudiants et les thèses traînent cinq ans, dix ans et parfois plus. Il est urgent de faire cesser des situations qui n'arrangent que certains directeurs de thèse».

L'**UNEF** intervient sur la question du taux d'encadrement des doctorants en défendant, d'une part, le principe de l'encadrement du doctorant par un chercheur HDR et non par des «personnalités extérieures» sans qualification. D'autre part, l'organisation syndicale insiste sur la réduction du taux d'encadrement par HDR afin de garantir un encadrement optimal des thèses :
- il convient désormais d'évaluer les taux d'encadrement, de faire de la réduction du nombre de doctorants par HDR un objectif LOLF et de refuser l'accréditation à des écoles doctorales ayant plus de 15 doctorants par HDR.
- augmenter le nombre d'HDR délivrées. Cette mesure de bon sens serait un pas vers un encadrement plus sérieux des thèses. Elle est nécessaire si l'on veut que l'habilitation à diriger des recherches ait un rôle autre qu'administratif.

La **FAGE** va également dans le sens d'un «meilleur taux d'encadrement».

Le **SNESUP-FSU** n'est pas hostile au plafonnement du nombre de thèses encadrées par HDR à la condition qu'il s'agisse de fixer une limite assez haute susceptible d'éviter les cas graves de surencadrement. En revanche, imposer une limite uniforme et basse paraît contre-productif dans la mesure où le choix du directeur se fait sur la base de critères thématiques et pas de critères locaux (spécialement en LSHS). De surcroît, le plafonnement exagérément bas conduirait les directeurs de recherches à refuser des inscriptions pour des candidats en reprise d'études, qui envisagent la préparation d'une thèse pour des motifs purement scientifiques et sans forcément viser un emploi dans la recherche ou l'enseignement supérieur (par exemple, professeurs du secondaire en cours d'activité et souhaitant réaliser un travail de haut niveau universitaire après quelques années d'exercice).

L'**UNI** n'est pas favorable à l'instauration d'une limite absolue du nombre de thésards encadrés.

La **Confédération étudiante** souhaite instaurer une formation des encadrants sur les différents débouchés du doctorat (éléments pratiques).

Le **MEDEF** souhaite que des représentants des secteurs économiques et des entreprises intéressés par les thématiques de recherche participent à l'accompagnement des doctorants durant leur formation (parrains et tuteurs entrepreneuriaux pour l'innovation). Toujours en ce qui concerne l'encadrement du doctorat, l'organisation patronale plaide pour l'évaluation «à mi-parcours du projet du doctorant afin de prendre en compte la confirmation ou le changement des objectifs, les premiers retours d'expériences du doctorant, les difficultés rencontrées, les actions ou moyens à mettre en œuvre pour sécuriser la conduite de la thèse et l'insertion professionnelle ultérieure (capitalisation notamment autour de l'expérience "Nouveau chapitre de la thèse" conduite par l'Association Bernard Gregory en liaison avec les écoles doctorales)». En parallèle, le **MEDEF** défend l'idée d'instaurer un accompagnement des **doctorants** par un dispositif «ressources humaines» destiné, «de manière indépendante au pilotage du projet académique, à prendre en compte l'ensemble de l'écosystème du doctorant (des dispositifs analogues sont opérationnels depuis de très nombreuses années au sein des écoles d'ingénieurs et de commerce)». Dans la même idée, l'organisation suggère de développer les coopérations avec l'APEC notamment sur les plateformes de services. Réfléchir à l'utilisation de solution type «apecnext» pour créer un «apecnext doctorant» destiné à aider le candidat thésard ou le doctorant dans la formalisation et le suivi de son projet. L'idée d'une banque de CV spécifique avec l'APEC est également défendue par l'ABG.

L'**ABG** souhaite une sensibilisation des enseignants-chercheurs au management, aux ressources humaines, à l'encadrement, etc.

Les organisations représentatives se prononçant sur la question de l'encadrement des doctorants souhaitent donc, en majorité, une limitation du nombre de doctorants par HDR, afin de s'orienter vers une amélioration du taux d'encadrement.

Recommandation V du Conseil

- Au regard de l'arrêté du 7 août 2006 et afin d'améliorer la qualité d'un encadrement réel et continu, le Conseil insiste sur l'importance d'une limitation impérative par les écoles doctorales du nombre de doctorants par directeur de thèse et par an.

THÈME VI

L'ouverture de la recherche doctorale vers les entreprises

État du droit

L'arrêté du 7 août 2006 relatif à la formation doctorale prévoit un certain nombre d'avancées vers les entreprises dans une optique de meilleure insertion professionnelle des doctorants :

Article 5 : «En vue, notamment, de favoriser la reconnaissance du doctorat, les actions de coopération menées par les établissements d'enseignement au sein des écoles doctorales ***avec le monde industriel et plus largement le monde socio-économique*** *pour favoriser le développement des politiques d'innovation et le recrutement des docteurs peuvent l'être dans le cadre d'accords conclus entre l'État et les branches professionnelles ou les entreprises et bénéficier de dispositifs d'appui particuliers.»*

Article 9 : «Des organismes publics ou ***privés*** *peuvent également être reconnus comme établissements associés à l'école doctorale et accueillir des doctorants. Ces doctorants relèvent de l'école doctorale et sont placés sous la responsabilité scientifique soit d'un directeur de thèse appartenant à cette école, soit de deux codirecteurs de thèse appartenant l'un à l'école doctorale, l'autre à l'organisme d'accueil.»*

Ces dispositions traduisent une tendance de fond des politiques envers la formation doctorale : il s'agit donc de la rapprocher du monde économique en favorisant l'instauration de partenariats entre les écoles doctorales et des acteurs privés. L'article 5 ouvre ainsi la voie à une reconnaissance du doctorat au sein des conventions collectives, à l'image de ce qui existe d'ors et déjà dans le domaine chimique (*cf.* thème VIII). L'article 9 vient conforter les formules telles que les CIFRE ainsi que les monitorats en entreprise.

Par ailleurs, le décret n° 85-402 du 3 avril 1985 relatif aux allocations de recherche a été modifié en 2005 afin de permettre aux allocataires de recherche d'effectuer un **stage d'initiation à l'entreprise**. D'une durée de trois à six mois, ce stage a pour objet de répondre à un problème posé par l'entreprise.

Les universités bordelaises ont mené une expérience intitulée «**monitorat d'entreprise**». Le dispositif mis en place repose sur la conclusion d'un contrat tripartite entre l'université, le doctorant et l'entreprise d'une part, et le soutien de la région Aquitaine d'autre part. En contrepartie de la mission qu'il exerce en entreprise, le moniteur perçoit un complément de rémunération qui lui est versé par l'entreprise avec la participation du conseil régional. Cinq doctorants aquitains ont conclu un monitorat d'entreprise au cours de l'année universitaire 2006-2007 (*cf. infra*).

Éléments de problématique

Jusqu'à présent, les doctorants étaient essentiellement initiés au monde de l'entreprise par l'intermédiaire des **conventions industrielles de formation par la recherche** (CIFRE) et des séminaires appelés «**Doctoriales**». Toutefois, aujourd'hui, le recrutement par les établissements des allocataires impose, aussi, un intérêt accru de leur part sur la question de l'insertion professionnelle ultérieure des diplômés d'un doctorat. La décision, prise par le responsable de l'établissement, de recruter ou pas un candidat doit être éclairée par une réflexion sur les projets du candidat.

Devant les besoins que suscitent l'idée du rapprochement entre le monde de l'entreprise et les formations doctorales, il apparaît également intéressant de suivre de près l'expérimentation lancée du monitorat en entreprise.

Les CIFRE

Les CIFRE constituent une modalité privilégiée de cette ouverture. Ces conventions permettent aux jeunes chercheurs de réaliser leurs thèses en entreprise en menant un programme de recherche et développement en liaison avec une équipe de recherche extérieure à l'entreprise. En 2006, 1 155 doctorants ont bénéficié d'une CIFRE. Ces conventions représentent 9 % des thèses financées.

Pour répondre à une réelle demande de la part des associations, des collectivités territoriales et des organismes consulaires, principalement dans le domaine des sciences humaines et sociales, il a été décidé d'élargir le champ d'intervention des conventions CIFRE. Une trentaine de conventions de recherche pour l'action publique et sociétale (CIFRE-CRAPS) a été financée, à titre expérimental, en 2006 et 2007.

Le dispositif CIFRE :
– est garant d'un bon déroulement de la thèse : 92 % des doctorants soutiennent leur thèse et publient en moyenne quatre fois pendant la durée de leur convention. Dans le cadre de ce dispositif, en vingt

ans, environ 10000 thèses ont été soutenues et plus des trois quarts le sont en moins de quatre ans. Dans de bonnes conditions : le salaire moyen d'embauche des doctorants, en 2006, est de 24727 euros (pour un salaire minimum imposé qui s'élevait alors à 20215 euros, soit 1684 euros par mois);
– et d'une bonne insertion : leur taux d'emploi, trois ans après la thèse, est de 93 à 94 % quand celui de l'ensemble des docteurs est de 89 % en moyenne. Les docteurs CIFRE s'insèrent notamment en très large majorité dans les entreprises.

Évolution 2001-2006 du nombre de nouvelles conventions CIFRE

	2001	2002	2003	2004	2005	2006
Nombre de CIFRE acceptées	800	810	860	1000	1109	1155
Budget en AP en M€	28,3	31,5	34,8	36,3	39,7	42,6

Source : ANRT – MESR/DGRI/B2.

Les grandes entreprises ont contribué à la quasi-totalité de l'accroissement des conventions en 2005, par cumul de l'adhésion de nouveaux groupes au dispositif et de l'effort de certains groupes déjà partenaires.

Une cinquantaine de grands groupes est signataire de la moitié des CIFRE.

Les conventions conclues avec des entreprises indépendantes sont de l'ordre de 44 %, de 36 % avec des entreprises de moins de 500 salariés. Parmi ces entreprises, indépendantes ou filiales de groupes, plus des deux tiers ont moins de cinquante salariés et environ un tiers ont moins de dix salariés.

Après un recul de la part de ces dernières au cours des années précédentes, la croissance du nombre de CIFRE en 2006 est essentiellement due à des entreprises indépendantes, principalement de taille moyenne (500 à 2000 salariés).

Évolution des nouvelles conventions signées par secteur disciplinaire

DSPT	2003	2004	2005	2006
Mathématiques et leurs interactions	3,04 %	2,65 %	3,87 %	3,40 %
Physique	2,80 %	0,96 %	0,47 %	0,90 %
Sciences de la Terre et de l'Univers, Espace	3,04 %	2,41 %	2,64 %	2,42 %
Chimie	12,38 %	10,60 %	10,09 %	10,38 %
Biologie Médecine, Santé	7,71 %	9,16 %	11,04 %	8,15 %
Sciences humaines et Sociales	4,44 %	1,20 %	3,02 %	2,78 %
Sciences Juridiques, Politiques, Economiques de Gestion	10,05 %	13,49 %	13,11 %	13,16 %
Sciences pour l'Ingénieur	24,07 %	38,80 %	33,58 %	24,53 %
Sciences et technologies de l'information et de la communication	28,97 %	19,52 %	18,11 %	27,93 %
Agronomie, Production animales et végétales et agro-alimentaires	3,50 %	1,20 %	4,06 %	6,36 %

Source : DGRI-ANRT.

Plus de la moitié des conventions sont signées dans trois secteurs : les services (22 %), la construction électrique et électronique (20 %) et l'énergie (11 %). Les sciences humaines et sociales (SHS) représentent 15 % des sujets de thèse; la progression des SHS est continue depuis plus de dix ans. On observe, en revanche, une focalisation des thématiques de recherche dans ce domaine en trois disciplines : le droit, les ressources humaines et l'économie représentent les deux tiers des conventions CIFRE en SHS.

Les CIFRE sont présentes dans toutes les régions. Les délégués régionaux à la recherche et à la technologie (DRRT) ont un rôle significatif dans le dispositif. Outre la promotion des CIFRE auprès des communautés de la recherche et de l'entreprise, ils assurent l'évaluation de la capacité d'accueil de l'entreprise contractante. En 2006, 39 % des CIFRE sont conclues par des entreprises dont le siège social est en Île-de-France. Viennent ensuite les régions Rhône-Alpes (17,5 %), Bretagne (7 %), PACA (6 %) et Midi-Pyrénées (5 %). Comme pour l'ensemble des activités de recherche, la part de l'Île-de-France a légèrement reculé au profit des autres régions.

La répartition géographique des laboratoires d'accueil est différente. Un peu plus du quart des laboratoires se situe en Île-de-France. Dans certaines régions, le nombre de conventions décomptées en prenant en compte la localisation géographique du laboratoire d'accueil, peut être le double du décompte donné dans le paragraphe précédent, mettant au premier plan les régions Champagne-Ardenne, Limousin, Languedoc-Roussillon, Lorraine et Poitou-Charentes. À cet égard, il faut rappeler que 50 % des demandes sont initiées par le laboratoire d'accueil, mais les relations de recherche entre laboratoire et entreprise sont très fréquemment extrarégionales.

Les conventions de recherche pour l'action publique et sociétale (CIFRE-CRAPS)

Pour répondre à une réelle demande de la part des associations, des collectivités territoriales et des organismes consulaires, principalement dans le domaine des sciences humaines et sociales, il a été décidé d'élargir le champ d'intervention des conventions CIFRE. Une trentaine de conventions de recherche pour l'action publique et sociétale (CIFRE-CRAPS) a été financée, **à titre expérimental**, en 2006 et 2007.

Un développement de ce dispositif ne peut qu'être bénéfique. En effet, au-delà des bénéfices pour le jeune doctorant, ce dispositif est une des clefs du développement du partenariat de recherche public-privé, par une meilleure connaissance mutuelle des deux «mondes».

Les docteurs CIFRE connaissent de bons taux d'insertion professionnelle, en large majorité dans le secteur privé. Suite au ralentissement économique de ces dernières années, le taux de chômage des titulaires de doctorat a augmenté de 4 points pour atteindre environ 11 %, trois ans après la soutenance de leur thèse quand, pour les docteurs CIFRE, le taux de chômage est stable depuis 1999 (6 à 7 %) et comparable à celui des titulaires d'un diplôme d'ingénieur.

Le relèvement du salaire minimum de 16 % et de la subvention associée, annoncé le 20 juillet 2007 par la ministre de l'Enseignement supérieur et de la Recherche, permet de redonner à ce dispositif l'attractivité qu'il mérite, tant auprès des meilleurs diplômés de master qu'auprès des entreprises.

La croissance de ce dispositif pourrait passer par une dynamique relancée depuis les syndicats d'employeurs. En effet, si ceux-ci reconnaissent la valeur du dispositif, ils prônent parfois un parcours en contrat de professionnalisation, qui libérerait de l'obligation de conformité de l'activité en entreprise avec le sujet de thèse... et irait à l'encontre de la reconnaissance du travail de doctorat comme une expérience professionnelle en soi !

Parmi les acteurs potentiels de cette dynamique, figurent aussi les pôles de compétitivité, lieux naturels du partenariat entre recherche publique et privée.

Les Doctoriales

Les séminaires des *Doctoriales*, créés en 1998, participent de cette logique de sensibilisation des doctorants à la recherche en entreprise. Ces stages résidentiels ont pour objectif principal de créer un lieu de rencontre entre doctorants et acteurs économiques, afin d'améliorer la communication entre les différents partenaires et de favoriser la prise de conscience par les doctorants de l'importance de leur projet personnel. Ces séminaires s'adressent aux doctorants de toutes disciplines, quelle que soit la carrière qu'ils envisagent, et comportent un certain nombre de séquences caractéristiques : la découverte du monde économique et de l'entreprise ; la mise en œuvre en équipe d'un projet innovant ; l'information sur le contexte de l'emploi des docteurs ; l'introduction à la réflexion sur le projet personnel et professionnel.

En termes de bilan : au cours de la campagne 2006, vingt et une sessions des « Doctoriales » ont été organisées, suivies par 1 569 doctorants issus de 53 établissements d'enseignement supérieur.

Les stages d'initiation en entreprise des allocataires

L'allocataire peut effectuer un stage d'initiation à l'entreprise sur autorisation du responsable de l'école doctorale après avis du directeur de laboratoire dans lequel il poursuit ses travaux de recherche. Le stage a pour objet de répondre à un problème posé par l'entreprise. Sa durée est de trois à six mois. Il peut s'effectuer de manière discontinue. Le stage d'initiation à l'entreprise ne peut se poursuivre au-delà du contrat d'allocataire.

Le monitorat en entreprise

Le projet actuel repose sur la création d'un dispositif, **le monitorat en entreprise**, à l'image du monitorat d'initiation à l'enseignement supérieur.

Avec le recrutement de 1000 moniteurs supplémentaires, ce qui portera le flux d'entrée à 3300 moniteurs, les crédits disponibles permettraient de financer le projet de création de monitorats en entreprise.

Dans cette réflexion, il paraît souhaitable de veiller à la cohérence des propositions qui seront faites avec la *Charte européenne du chercheur*. La Charte préconise en effet de favoriser la reconnaissance de cette expérience de mobilité entre le secteur public et le secteur privé comme un moyen d'accroître le savoir scientifique et le développement professionnel dans la carrière du chercheur. Une réflexion quant aux possibilités de valoriser et de reconnaître cette expérience dans le système de progression et d'évaluation de la carrière devra être menée.

Les expériences menées par certaines écoles doctorales

Il s'agit de s'inspirer des expériences de plusieurs écoles doctorales citées dans la lettre de mission adressée par la ministre de l'Enseignement supérieur et de la Recherche.

L'université de **Bordeaux 1** a mis en place un service d'activités industrielles et commerciales (SAIC). Celui-ci assure le lien entre les écoles doctorales et les entreprises régionales en supervisant les actions de partenariat industriel, le suivi de l'activité des cellules de transferts technologiques et la détection des résultats de la recherche susceptibles de conduire à la création d'entreprises.

L'école doctorale des sciences de la matière, du rayonnement et de l'environnement de l'université **Lille 1**, a mis en place plusieurs dispositifs de renforcement de ses liens avec le monde de l'entreprise. Ainsi, dès l'année de master 2, un module de formation à la connaissance de l'entreprise fait partie du cursus obligatoire : celui-ci voit la participation d'acteurs du monde économique et permet une sensibilisation des étudiants. Des formations complémentaires «alliant enseignement à distance et tutorat» sont proposées aux doctorants sur des thèmes proches de l'entreprise tels que «Gestion de projet», «Propriété intellectuelle et industrielle», etc. En outre, l'école doctorale est impliquée, par l'USTL et l'Association Bernard Grégory aux séminaires des Doctoriales.

Issue de la même université, l'école doctorale des sciences pour l'ingénieur a également cherché à établir plusieurs éléments destinés à faciliter l'insertion professionnelle des doctorants par un rapprochement avec le milieu de l'entreprise.

L'école doctorale des sciences juridiques, politiques et de gestion de l'université **Lille 2** a mis en place depuis 2000 un dispositif de suivi de l'insertion professionnelle des jeunes chercheurs dont plusieurs éléments sont proches de l'entreprise. Outre une participation aux «Doctoriales» (six jours) avec l'Association Bernard Grégory qui inclut une présentation de l'entreprise et de la gestion de projet en entreprise, les doctorants de cette école doctorale participent à une préparation au TOEIC (trente heures), cet outil de mesure des compétences linguistiques (anglais), très favorisé en milieu professionnel. Une initiation à l'entrepreneuriat (deux fois quinze heures) est également organisée, en jonction avec la Maison de l'entrepreneuriat du Nord-Pas-de-Calais.

Enfin, l'université de **Bourgogne** a mis en place trois dispositifs pertinents pour le rapprochement des écoles doctorales avec le monde de l'entreprise. Il s'agit tout d'abord d'une mission doctorale qui, entre autres, pilote des évènements mobilisant non seulement la communauté scientifique mais cherche à y associer des partenaires publics et privés. Ensuite, un dispositif de transfert de technologie intervient dans le rapprochement. Enfin, un dispositif régional d'incubation d'entreprises technologiques et innovantes dénommé «Pôle de ressources et de management de l'innovation et de la création d'entreprises» (PREMICE), assuré par une cellule de valorisation, dans le cadre de la loi sur l'innovation et de la recherche du 12 juillet 1999 et en partenariat avec sept autres établissements, a été mis en place. D'après l'université, il est destiné à susciter, détecter, accompagner et soutenir financièrement des projets de création ou de développement d'entreprises technologiques innovantes valorisant la recherche et les ressources des membres fondateurs de PREMICE.

La coopération des pôles de compétitivité et des écoles doctorales

Les pôles de compétitivité et les écoles doctorales pourraient avoir ensemble un rôle à jouer dans les actions d'ouverture vers l'entreprise. Dans le cadre, les conventions CIFRE pourraient notamment se multiplier.

Toutes ces expériences de coopération font ressortir l'intérêt d'une association étroite entre les écoles doctorales et les employeurs potentiels des doctorants (consultation des acteurs économiques pour les programmes et cursus des écoles doctorales).

Propositions des organisations représentatives

Les CIFRE

L'**UNI** plaide pour l'élargissement des conventions CIFRE, tout comme **Sup'Recherche-UNSA**, la **FAGE**, la **FNSAESR-CSEN** et le **MEDEF** (*cf.* thème IV). Ce dernier réclame son développement de l'ordre de 30 %.

La **CJC** souhaiterait une meilleure communication sur les possibilités en matière de contrats CIFRE puisque, loin de ne concerner que les seules entreprises, elles sont applicables à d'autres acteurs tels que les chambres consulaires, les collectivités, etc.

Le **SNESUP-FSU** s'inquiète de la possibilité de transformer le monitorat en un dispositif similaire aux CIFRE.

L'organisation **Sup'Recherche-UNSA** encourage fortement le développement de liens avec les entreprises, notamment à travers les stages et particulièrement les contrats CIFRE.

Le **MEDEF** souhaite la poursuite de «la revalorisation de l'allocation CIFRE versée à l'entreprise qui, en contrepartie, engage généralement des frais d'accueil très significatifs». Il s'agit néanmoins de veiller à mettre un terme à certaines pratiques d'organismes d'accueil qui exigent des entreprises des contributions obligatoires s'apparentant aux «marges arrières» de la distribution et également de réfléchir aux dispositions applicables en matière de propriété intellectuelle dans le cadre des CIF, certains organismes d'accueil pouvant émettre des prétentions sur les résultats de la recherche qui pourrait à terme remettre en cause le dispositif CIFRE (problématique analogue en ce qui concerne les futurs «monitorats» avec de surcroît des préoccupations relatives à la confidentialité, au respect du règlement intérieur, aux risques inhérents à la vie de l'entreprise...).

Au titre des organisations non syndicales, **Veolia Environnement (Formation)** préconise de simplifier le dispositif des CIFRE avant d'inventer un nouveau système.

Le monitorat en entreprise

La **CJC** souligne qu'elle est favorable au monitorat en entreprise à condition que cette formule ne se transforme pas en stage mais reste bien un rôle ponctuel de consultant.

Le **SNIRS (CFE-CGC)** et la **Confédération étudiante** sont favorables au développement du monitorat en entreprise. Cette dernière insiste sur le développement de passerelles entre le monde académique et le monde de l'entreprise.

Le **MEDEF** est en faveur d'un tel dispositif et donne plus de détails en précisant qu'il s'agit de «favoriser l'émergence de "juniors entreprises doctorales" pour diffuser la pratique des "monitorats" en entreprise, notamment en direction des PME et assister les écoles doctorales dans la gestion tripartite de ces contrats (écoles doctorales/doctorant/entreprise) Ces "juniors entreprises doctorales" assureraient la promotion et le déploiement du dispositif, définiraient avec l'école doctorale, l'entreprise et le doctorant les conditions de mise en œuvre du monitorat et seraient garantes de la conformité aux dispositions réglementaires tout en déchargeant les écoles doctorales de contraintes qui ne sont pas au cœur des préoccupations académiques».

Organisation non syndicale, le **CDEFI** a affirmé, lors des auditions du Conseil, son soutien au dispositif de monitorat en entreprise.

La **CPU** soutient particulièrement le dispositif de monitorat en entreprise.

L'**ABG** soutient le développement du monitorat en entreprise et propose notamment de mettre à disposition son site internet «afin de favoriser la mise en relation entre entreprises et doctorants et participer à la communication sur ce dossier».

Autres propositions

SUD-Recherche-EPST ne semble *a priori* pas favorable au rapprochement entre les formations doctorales et le monde privé puisque, en évoquant les critères à la base de l'évaluation de l'activité de recherche, le syndicat qualifie l'introduction d'un critère quantitatif dans la LOLF intitulé «part de financement des entreprises» comme porteur de dérives dangereuses.

L'**UNAPL** est naturellement favorable à tout rapprochement des doctorants avec les entreprises. Outre une meilleure information des doctorants en ce qui concerne les professions libérales et l'entrepreneuriat, l'organisation présente une initiative réussie dans ce domaine (participation aux «Doctoriales» de la région Midi-Pyrénées organisées par l'Association Bernard Grégory).

Si le **SNTRS-CGT** souligne que de nombreuses thèses s'effectuent en partenariat avec des entreprises, il déplore les conditions dans lesquelles s'effectue cette collaboration (publications plus difficiles dues aux clauses de confidentialité) et appelle les entreprises, de par leur devoir d'employeur, à assurer l'embauche des jeunes chercheurs à la sortie de leur doctorat. Quant aux transferts de connaissance vers les entreprises, elles doivent s'effectuer sur la base du volontariat. Ainsi le syndicat apparaît favorable à l'idée de rapprochement mais seulement si celui-ci est entouré de conditions protectrices du doctorant et de son travail.

Le **SNESUP-FSU** est favorable à une ouverture vers le monde de l'entreprise, à condition que la maîtrise totale de la formation par les enseignants-chercheurs et le caractère *universitaire* de cette dernière soient fermement maintenus.

Le **SCENRAC-CFTC** entreprend le rapprochement doctorat-entreprises comme une solution potentielle au problème de financement des thèses : «un projet de thèse, une maquette devrait pouvoir être présenté à diverses entreprises, voire être infléchi en fonction des réalités du terrain et, ainsi trouver un financement, comme c'est le cas pour les thèses scientifiques». Il insiste, de plus, sur la *possibilité* (volontariat) pour les doctorants de pouvoir effectuer des semestres à l'étranger ou bien encore des stages, aussi bien auprès des collectivités que des entreprises, afin de les rapprocher du monde du travail.

Promotion et défense des étudiants plaidait, lors de l'ouverture du chantier «Jeunes chercheurs», pour une ouverture des écoles doctorales à des publics différents, notamment des ingénieurs et des étudiants des filières professionnelles, dans une optique de rapprochement avec le monde de l'entreprise.

SLR est favorable au développement des activités d'expertise et à la diffusion de la culture scientifique.

La **CGPME** propose, en ce qui concerne les sciences «dures» (en opposition aux sciences humaines), des négociations accrues avec les laboratoires pour les sujets de thèses et, surtout, la mise en place d'une agence de commercialisation/communication qui serait chargée de centraliser les axes de recherche et de les proposer aux entreprises. Les membres de l'agence auraient ainsi une double compétence recherche/entreprise.

Le **SNIRS (CFE-CGC)** est favorable également au dernier point évoqué ainsi qu'à une formation du doctorant à la culture d'entreprise et au développement des stages en entreprise.

L'**UNI** est favorable aux missions de conseil en entreprise.

Dans une optique de rapprochement des entreprises avec les formations doctorales, le **MEDEF** propose de «favoriser la création de "conseil de perfectionnement" pouvant regrouper éventuellement plusieurs écoles doctorales et associant des représentants des milieux professionnels (entreprises, branches professionnelles, filières de recherche publiques, enseignement supérieur...) afin d'améliorer l'adéquation entre la formation doctorale et les besoins et flux professionnels en aval». Dans la même optique, il s'agit de «développer la professionnalisation au sein des écoles doctorales en incluant l'acquisition de méthodes professionnelles définies en concertation avec, comme experts-observateurs, des représentants des milieux professionnels en adéquation avec le projet professionnel du doctorant (recherche publique ou privée – enseignement – management – création d'entreprises)». Surtout, l'organisation patronale afin de «mobiliser les entreprises pour l'innovation et la recherche», plaide pour une charte (sur un modèle analogue à celui de la Charte de la diversité dans l'entreprise initiée par l'Institut Montaigne) et insiste sur l'idée d'informer les jeunes chercheurs sur les opportunités professionnelles qu'offre l'entreprise aux jeunes chercheurs et sur les dispositifs d'accompagnement, en cours ou au terme de la thèse, et leur permettre de choisir, en toute connaissance de cause, une filière doctorale ouvrant sur des perspectives d'emploi et de carrière professionnelle attractives. Cette idée passe notamment par quatre mesures :

– mettre en place un observatoire des filières doctorales permettant d'accéder *via* un portail internet à toutes les informations sur le contenu et les caractéristiques des formations doctorales, les débouchés professionnels, les taux de placement, les partenariats avec les autres écoles doctorales, centres de recherche et entreprises, les dispositifs d'accompagnement (CIFRE, «monitorats», professionnalisation, apprentissage...), les conseils et bonnes pratiques pour mener le projet de thèse et d'insertion professionnelle... ;

– encourager, au sein de chacun des grands secteurs professionnels concernés par l'innovation et la recherche, la constitution de groupes de réflexion associant les acteurs professionnels et les écoles doctorales concernées;

– développer les filières scientifiques et techniques, économiques et de gestion qui offrent de très importantes opportunités pour les docteurs (renforcées avec l'annonce de l'augmentation de l'enveloppe budgétaire crédit impôt recherche) tant en ce qui concerne le développement de la recherche et de l'innovation dans les entreprises qu'en matière de management ou de création d'entreprises (la part des docteurs embauchés en entreprise – mathématique-physique 42 %, mécanique/électronique, informatique et sciences de l'ingénieur 51 %, chimie 48 %, droit, sciences économiques et gestion 48 % – pourrait être accrue significativement);

– engager une réflexion sur les débouchés professionnels en entreprise de certaines filières «sciences de la vie et de la Terre» et «lettres, sciences humaines».

Les organisations non syndicales font également d'autres propositions

L'**ANDèS** suggère, dans ses «pistes pour mieux utiliser les compétences des docteurs», de renforcer les liens et contacts entre recherche académique et monde de l'entreprise. Parmi les idées mises en avant figurent des passerelles public-privé dans les deux sens et le parrainage de doctorants.

En ce qui concerne le projet soumis par le **groupe Glaizer** (agence en innovation) : *cf.* thème IV.

La **CPU** souhaite une délivrance systématique du supplément au diplôme de doctorat et est favorable, de manière générale, à un rapprochement entre les doctorants et le monde de l'entreprise.

L'**ABG** suggère de changer la dénomination «stages» pour les doctorants par une dénomination qui renvoie «à quelque chose ayant plus de valeur». Surtout, l'une des propositions les plus importantes de l'association réside dans le déploiement d'un réseau national de «mission d'insertion et de valorisation du doctorat» au sein de chaque PRES (Pôle de recherche et d'enseignement supérieur) et en collaboration avec les pôles de compétitivité. PRES ou pôles de compétitivité pourraient ainsi accueillir «une mission régionale d'insertion professionnelle des jeunes docteurs» avec comme objectif, notamment, de «faciliter l'insertion professionnelle des jeunes docteurs dans le secteur privé en région en leur apportant des services de conseil et de suivi collectifs et individuels ainsi que des formations complémentaires en s'appuyant sur un réseau».

Veolia Environnement (Formation) insiste sur le fait que le capital de compétences acquis n'est pas assez valorisé. Les représentants de l'organisation ont souligné, lors de leur audition devant le Conseil, les problèmes les plus importants pour une meilleure valorisation du doctorat : ignorance complète de l'employabilité, pas de statistiques, maîtrise d'un réseau et langues étrangères, etc. Trois propositions découlent de ce constat :
- encourager le marketing des anciens et leur intégration dans les instances de l'emploi;
- développer «l'effet de réciprocité» en permettant notamment aux cadres de faire des thèses;
- créer une agence de mise en relation entre l'étudiant et l'entreprise (sept personnes maximum).

Plutôt que de commenter les expériences des écoles mentionnées ci-dessus, les organisations représentatives ont choisi de se prononcer davantage sur l'idée générale d'un rapprochement entre le monde de l'entreprise et les formations doctorales. Mises à part quelques rares exceptions, une majorité se dégage sur l'idée de faciliter l'insertion professionnelle des jeunes chercheurs pendant la thèse et après l'obtention de leur doctorat grâce à une plus grande proximité avec le monde entrepreneurial. Le lien est, par ailleurs, à faire avec les propositions (*cf.* thème IV) des organisations représentatives en matière d'extension du financement d'origine privée pour les doctorats. Plusieurs organisations souhaitent néanmoins un encadrement de ces pratiques. Enfin, la majorité des acteurs représentatifs apparaît favorable au principe et au développement des stages en entreprises pour les doctorants.

Recommandations VI du Conseil

• Le Conseil recommande de favoriser la reconnaissance du doctorat par les acteurs économiques et de familiariser le doctorant avec la recherche en entreprise par l'exercice en cours de doctorat d'une mission en entreprise. Le terme de « monitorat en entreprise » ne paraît pas en harmonie avec la volonté de valoriser l'expertise doctorale. « Mission d'expertise doctorale en entreprise » serait une dénomination plus conforme au niveau des interventions et à l'image d'excellence qui doit être associée au doctorat.

• Les conventions CIFRE et les bourses de docteurs ingénieurs cofinancées avec les entreprises, ainsi que les missions d'expertise doctorale en entreprise, sont à encourager et à promouvoir tant dans le milieu industriel qu'académique.

• Tout allocataire doit être incité à effectuer soit un monitorat d'enseignement supérieur, soit une mission d'expertise doctorale en entreprise, soit un monitorat avec d'autres acteurs de la recherche (collectivités territoriales, associations, chambres consulaires...). Cette expérience doit être d'une durée suffisamment longue pour qu'elle puisse trouver tout son sens et son intérêt.

• En lien avec la recommandation I, il apparaît nécessaire d'associer davantage des acteurs du secteur privé aux écoles doctorales, par exemple sous la forme d'invitations dans les instances de décision de celles-ci ou dans celles de l'université. De manière générale, cette ouverture vers l'entreprise doit se faire dès le niveau master 2.

• Il conviendrait d'inciter, notamment par la procédure de validation des acquis de l'expérience (VAE) et des congés formation, les cadres du secteur public comme du secteur privé à préparer une thèse. En d'autres termes, il s'agit de faire de la thèse un diplôme que l'on peut obtenir dans le cadre d'une formation permanente diplômante.

AXE 2

La valorisation accrue du titre de docteur en dehors des carrières académiques

THÈME VII

La valorisation dans le secteur public

État du droit

La **loi n° 84-16 du 11 janvier 1984** portant dispositions statutaires relatives à la fonction publique de l'État précise dans son article 19 que «les fonctionnaires sont recrutés par voie de concours [...] ouverts aux candidats justifiant de certains diplômes ou de l'accomplissement de certaines études».

Toutefois, le niveau de diplôme requis et le classement en catégories sont fixés par des statuts particuliers (articles 29 et 30). **Hors secteur enseignement et recherche, le doctorat n'est pas requis pour les postes de catégorie A**.

La **Charte européenne du chercheur** préconise la reconnaissance des qualifications du docteur : «Les employeurs et/ou bailleurs de fonds devraient prévoir l'évaluation appropriée des qualifications universitaires et professionnelles de tous les chercheurs, y compris les qualifications non formelles, notamment dans le contexte de la mobilité internationale et professionnelle. Ils devraient s'informer et acquérir une compréhension complète des règles, des procédures et des normes régissant la reconnaissance de ces qualifications et, par conséquent, explorer le droit interne en vigueur, les conventions et les règles spécifiques relatives à la reconnaissance de ces qualifications par toutes les voies disponibles – réseau NARIC (Réseau des centres nationaux d'information sur la reconnaissance académique des diplômes) et réseau ENIC (Réseau européen des centres d'information)».

Éléments de problématique

Majoritairement, les candidats aux emplois publics sont surdiplômés. Cette situation n'est pas nouvelle et la baisse des postes offerts accentue encore le phénomène. De nombreux jeunes n'hésitent pas à se présenter aux emplois proposés y compris à des postes peu qualifiés.

Dans le secteur public, le diplôme le plus élevé reconnu pour la catégorie A et à la base du système de rémunération est, en pratique, la licence.

Dans un contexte de tensions sur le marché du travail, les fonctions publiques, qui connaîtront plus de départs à la retraite que le secteur privé, pourraient être confrontées à des difficultés de recrutement, notamment la fonction publique de l'État qui fait plus appel que les deux autres à des agents de catégorie A.

La fonction publique absorbe chaque année un diplômé du supérieur sur trois[1] alors que ses effectifs représentent un cinquième de l'emploi total.

Les trois fonctions publiques risquent donc d'être confrontées à un double défi : trouver les compétences dont elles ont besoin sans toutefois pénaliser le marché du travail, notamment le marché du travail des cadres. Les scénarios retenus en matière de taux de remplacement des départs à la retraite à venir auront un impact évident en la matière.

Si la refonte du système indiciaire des trois fonctions publiques n'est pas encore envisagée par la DGAFP afin de reconnaître le doctorat dans la catégorie A, il existe plusieurs corps de hauts fonctionnaires de l'État, susceptibles d'accueillir des docteurs et fonctionnant déjà sur des recrutements « adaptés ».

Par ailleurs, la possibilité d'ouvrir des concours spécifiques pour les docteurs dans la haute administration serait une reconnaissance symbolique de la valeur ajoutée de la thèse à la formation des futurs fonctionnaires. Enfin, il s'agit de noter une demande explicite de prise en considération dans les grilles indiciaires des fonctionnaires (Éducation nationale principalement, mais aussi dans d'autres administrations, notamment la Direction des impôts) d'un grade de docteur.

Propositions des organisations représentatives

Parmi les organisations représentatives favorables à la reconnaissance du doctorat au sein de la fonction publique, on trouve notamment l'**UNEF** (dès janvier 2008 dans la grille des salaires), l'**UNI**, **FO**, le **SNTRS-CGT**, le **SCENRAC-CFTC**, **SLR**, le **SNCS-FSU**, la **FAGE**, le **SGEN-CFDT** et la **CFTC-INRA**.

1. Enquête du Cereq, « 2001-2004 : les sortants de l'enseignement supérieur face au marché du travail », Jean-François Giret, Mickaële Molinari-Perrier et Stéphanie Moullet.

La **FNSAESR-CSEN**, si elle est favorable à la reconnaissance par l'État du doctorat dans la fonction publique, n'en pose pas moins l'idée que, si l'on souhaite revaloriser le titre de docteur, il faut instaurer une sélection à l'entrée en master. De plus, « l'État doit montrer l'exemple en donnant soit des primes, soit des aménagements du temps de travail (pour faire de la recherche), soit une accélération de la carrière aux fonctionnaires qui, par un doctorat, acquièrent une qualification supplémentaire. Cela doit être vrai non seulement pour les enseignants du secondaire, mais pour les personnels scientifiques des bibliothèques et, d'une manière plus générale, pour tous les fonctionnaires ».

Le **SNIRS (CFE-CGC)** suggère d'explorer la piste des anciens attachés de recherche.

SLR affirme que la « haute fonction publique est un recruteur potentiel de docteurs et différentes propositions devraient être mises à l'étude : ouverture de concours spécifiques pour les docteurs, quotas, accès aux concours externes... ». Le collectif est donc favorable à la reconnaissance du doctorat au sein de la fonction publique.

Le **MEDEF** suggère l'ouverture d'accès à la haute fonction publique (État, collectivités territoriales...) en accueillant des docteurs selon des voies ou des conditions d'accès au concours ou au corps et des dispositifs de reconstitution de carrière prenant en compte la spécificité de la formation doctorale et le parcours du chercheur.

Enfin, en tant qu'organisme non syndical, l'**ANDèS** suggère, entre autres, de valoriser le doctorat en communiquant sur les compétences des docteurs et en promouvant la présence de docteurs aux postes décisionnels. Elle propose également de soutenir le développement de structures **publiques** et privées intermédiaires entre la recherche, l'économie et la société : incubateurs, boutiques de sciences, KIBS (*Knowledge-Intensive Business-Services*) privés et publics, etc. À la base de ses propositions se trouve la conviction de l'association que les futurs gisements d'emploi des chercheurs se situent dans les missions d'expertise et d'intermédiation de l'économie immatérielle, et cela aussi bien pour le secteur public que pour le secteur privé. D'où l'émergence d'un nouveau métier, particulièrement bien adapté aux docteurs : celui de « médiateurs-traducteurs » qui consisterait à faciliter la création, le partage et l'usage du savoir. Enfin, l'ANDèS suggère de cibler la fonction publique territoriale, futur vivier d'emploi, selon elle, pour les jeunes chercheurs.

Les organisations représentatives vont dans leur grande majorité dans le même sens : elles souhaitent avant tout voir une reconnaissance par la fonction publique du doctorat.

Recommandations VII du Conseil

• Le grade de docteur doit être reconnu dans les carrières de la fonction publique, y compris pour les enseignants du second degré. Tout fonctionnaire qui a accédé, ou accède au grade de docteur, devrait bénéficier de ce seul fait d'une prise en compte d'ancienneté de trois ans au moins dans le corps auquel il appartient.

• Un accès spécifique aux grands corps de l'État doit être aménagé.

THÈME VIII

La valorisation dans le secteur privé

La convention collective des industries chimiques (du 30 décembre 1952) est la seule à reconnaître le doctorat mais à la condition d'effectuer des activités liées à la recherche [1].

L'annexe II concernant la position hiérarchique des positions repères, en son point b, établit que : «Les ingénieurs et cadres débutants tels que définis à l'annexe I du présent avenant ayant perfectionné leurs connaissances dans les laboratoires de recherche scientifique et qui auront soutenu avec succès soit leur **thèse de doctorat**, soit leur thèse de docteur-ingénieur bénéficieront, dès leur engagement et jusqu'à vingt-neuf ans exclus, des coefficients suivants : [...]»

L'ANDèS et la CJC ont tout particulièrement exprimé leur souhait de s'inspirer de ce précédent pour la valorisation du doctorat dans le secteur privé.

État du droit

La **loi de programme pour la recherche du 18 avril 2006** à l'article 7 modifie l'article L. 411-4 du Code de la recherche et met en place les conditions de discussion pour permettre la reconnaissance du doctorat dans les conventions collectives. Cet article précise : «Afin d'encourager l'emploi des docteurs scientifiques dans une activité couverte par une convention de branche ou un accord professionnel ou interprofessionnel au sens de l'article L. 132-1 du Code du travail, une commission formée de délégués des parties signataires à la convention ou à l'accord peut être convoquée par un arrêté conjoint du ministre chargé de la recherche, du ministre chargé de l'industrie et du ministre chargé du travail, en vue de permettre la **discussion des conditions de la reconnaissance, dans le cadre de la convention ou de l'accord, du titre de docteur.**»

1. Source : Synthèse de l'atelier 3 de la matinée ANDèS du 4 décembre 2004.

L'article 41 de cette loi modifie le premier alinéa de l'article L. 612-7 du Code de l'éducation et précise ainsi que les « formations doctorales [...] constituent une expérience professionnelle de recherche, sanctionnée, après soutenance de thèse, par la collation du grade de docteur ». L'article 42 modifiant le deuxième alinéa de l'article L. 612-7 du même code spécifie que « le diplôme de doctorat est accompagné de la mention de l'établissement qui l'a délivré ; il confère à son titulaire le titre de docteur. »

La formation doctorale a été réformée (arrêté du 7 août 2006) et la **période doctorale reconnue comme une première activité professionnelle**. Les écoles doctorales seront appelées à renforcer leur collaboration avec les services de recherche-développement des entreprises. De plus, l'élaboration d'une charte des thèses a pour vocation d'assurer une meilleure visibilité du diplôme.

Enfin, un certain nombre de mesures favorisent l'insertion professionnelle des jeunes chercheurs en entreprise et par là même la reconnaissance « par l'expérience » de la valeur du doctorat par les entreprises.

Éléments de problématique

Le Conseil a pris conscience, au fil des auditions, que le principal obstacle au recrutement de docteurs dans le milieu industriel est d'ordre culturel. Le milieu universitaire et le milieu industriel s'ignorent pour l'essentiel et se regardent parfois avec méfiance. Les deux mondes sont bien souvent peu au fait des mécanismes et de la logique de fonctionnement interne de l'autre, de ses préoccupations, de ses besoins.

De façon caricaturale, pour certains acteurs industriels, la recherche fondamentale forme des théoriciens inaptes à comprendre les contraintes industrielles : notions de cahier des charges, d'obligation de résultat, de calendrier contraignant, de coût...

Parallèlement, il peut régner dans quelques laboratoires académiques une certaine forme d'élitisme qui s'exprime par l'idée suivante : « les meilleurs resteront dans la recherche (plus précisément dans tel ou tel laboratoire), les moins bons iront dans l'industrie ». Cette logique est bien évidemment dommageable pour les docteurs car elle pousse les acteurs industriels vers les grandes écoles. Lorsqu'ils recrutent une personne issue d'une école d'ingénieurs, ils pensent connaître le « produit », qui a été sélectionné en amont par le concours d'entrée et a effectué en cours d'études des stages en entreprise. Ils identifient davantage sa formation et son niveau de connaissances, ses compétences et comment l'intégrer dans leur grille salariale.

En outre, les employeurs estiment manquer de visibilité quant à la formation des docteurs formés à l'université. Les acteurs industriels n'appréhendent généralement que trop peu l'adaptation du docteur par rapport à leurs besoins ainsi que ses capacités d'évolution.

Le préalable à toute évolution positive réside dans une meilleure connaissance mutuelle pour chacun des deux milieux évoqués précédemment.

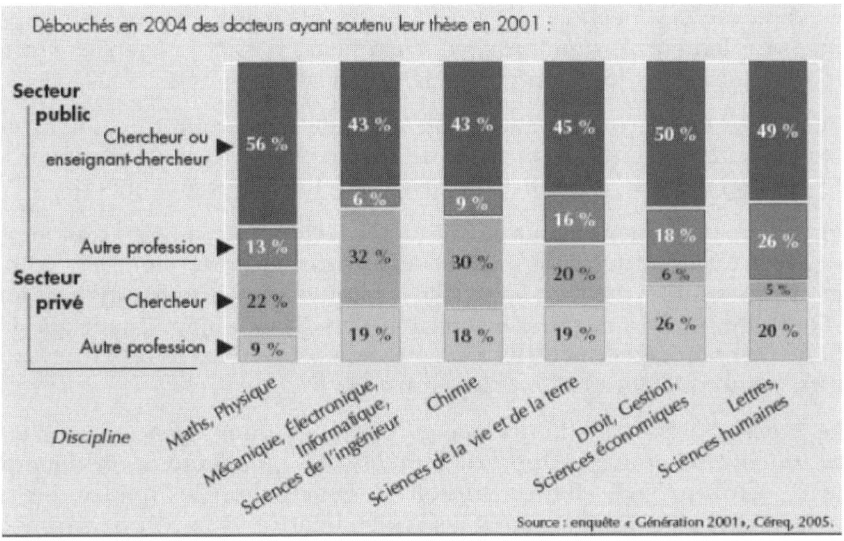

La part des docteurs qui travaillent dans des professions hors recherche est devenue importante : **44 % des docteurs ne travaillent ni dans la recherche publique ni dans la recherche privée** (ils étaient 34 % en 2004). Sur ces docteurs employés hors recherche, la question est de savoir si les fonctions qu'ils occupent correspondent à leur niveau de qualification. La part des professions hors recherche dans le secteur privé a par ailleurs augmenté pour toutes les disciplines sauf lettres, sciences humaines et sciences de la vie et de la Terre[1].

Il existe une particularité française : les formations d'ingénieur et leur poids dans les emplois de type cadre dans le secteur privé, souvent dans des fonctions que pourraient exercer des docteurs. Alors que le doctorat est reconnu à l'étranger, le diplôme d'ingénieur n'y a pas d'équivalent ; cette particularité devient de plus en plus difficile à gérer dans un contexte d'internationalisation des entreprises, et donc de politique des ressources humaines internationale.

Dans l'Union européenne, chaque pays doit mettre en place un dispositif qui permet d'assurer la transparence de ses qualifications professionnelles, à l'aide d'un système interne – en France, le Répertoire national de la certification professionnelle (RNCP) – et un point d'entrée

1. Enquête IREDU, « Docteurs, génération 2003 ».

qui le gère – en France, la Commission nationale de la certification professionnelle (CNCP), commission paritaire[1].

La CNCP décide des certifications ou formations à vocation professionnelle inscrites au RNCP, avec pour objectif qu'elles soient transparentes en France et en Europe. Elle se base notamment sur la rédaction des fiches de compétences réputées acquises lorsque de la formation au diplôme en question : à sa délivrance, on délivre en même temps un « supplément au diplôme », fiche explicitant les compétences réputées acquises par le détenteur de la certification.

Pour avoir une reconnaissance professionnelle, la certification doit avoir fait l'objet d'une inscription au RNCP. Par exemple, le baccalauréat professionnel est inscrit au RNCP mais pas le baccalauréat général.

Pour l'enseignement supérieur, il a été décidé que tous les diplômes délivrés au nom de l'État avaient une vocation professionnelle (ceci est resté valable avec le LMD). Ces diplômes sont inscrits de droit au répertoire. Mais, pour une inscription dans la pratique, il faut que la fiche de compétences correspondante soit saisie dans le répertoire au format « compétences réputées acquises ».

Le RNCP s'inscrit dans le système européen de transparence des qualifications. Une nouvelle directive (2005/36/CE), qui entrera en vigueur le 20 octobre 2007, viendra consolider et actualiser les quinze directives actuelles couvrant toutes les règles relatives à la reconnaissance des qualifications professionnelles, à l'exception des avocats, des activités relevant de la distribution des produits toxiques et des agents commerciaux. Il s'agit de la première modernisation globale du système communautaire depuis sa conception, il y a quarante ans.

Il conviendrait d'affirmer plus avant la volonté de l'État de valoriser le doctorat en suivant notamment la piste ouverte par la création de la commission prévue. **Il est à noter que le secteur de la chimie est le seul à avoir déjà reconnu le doctorat dans une convention collective**.

L'évolution « politique » des formations d'ingénieur, notamment « tirées » par les grandes écoles, devrait être vers une meilleure valorisation du doctorat. Le poids qui est le leur dans les sociétés privées de « culture française » devrait permettre de faire admettre le doctorat de l'école Y au même titre que le diplôme d'ingénieur de l'école Y, ce qui n'est pas le cas aujourd'hui, et faire reconnaître ainsi progressivement le doctorat dans ces entreprises.

Un exemple existe, l'École des mines de Paris qui revendique comme axe politique de « faire du doctorat le diplôme phare de l'école demain ». Ceci peut passer par un rapprochement avec les universités, qui permettra à nos écoles de ne pas être demain marginalisées dans la compétition internationale.

1. Pour des informations plus détaillées, *cf.* www.cncp.gouv.fr.

Plus généralement, le monde de l'entreprise méconnaît la réalité du titre de docteur délivré par les universités. Leur perception des compétences acquises par un doctorant au cours de sa thèse est décalée par rapport à l'image de marque[1] du docteur telle qu'elle apparaît dans le monde académique, alors que ce n'est pas le cas pour les ingénieurs.

Il existe un déficit d'image du diplôme et de la formation associée, pour les entreprises qui sont susceptibles de recruter les jeunes chercheurs comme cadres, c'est-à-dire des professionnels capables d'assumer des fonctions dans le secteur de la recherche et du développement et le management de l'innovation. L'exigence de gestion des ressources humaines nécessite d'identifier le portefeuille de compétences que le jeune docteur va pouvoir valoriser dans son parcours professionnel, par exemple, en matière de méthodes, de gestion de projet, d'appréhension d'un problème complexe, de maîtrise d'une ou plusieurs langues, d'expériences internationales, etc. On constate donc que, même si beaucoup d'initiatives sont prises pour fournir des formations complémentaires pendant la thèse et initier les doctorants au monde des professionnels («Doctoriales»), un écart culturel subsiste entre les deux mondes académique et économique.

Le chantier doit, d'une part, accroître la notoriété des docteurs et de la formation doctorale et, d'autre part, compléter la formation académique par des compléments pour améliorer l'intégration au monde de l'entreprise. Des données nationales détaillées et fiables sur le devenir professionnel des docteurs, répondant aux critères des directions des ressources humaines des entreprises, pourraient être établies et publiées à leur intention. Étant donné l'ampleur du chantier, avec des spécificités variables selon les disciplines, il est essentiel de procéder à des expérimentations, de les évaluer et les auditer avant de généraliser des mesures et éventuellement d'agir sur le plan réglementaire ou législatif. Il est essentiel que tous les acteurs de l'entreprise (direction des ressources humaines, directions opérationnelles, syndicats...) acquièrent une plus grande connaissance de l'offre et une plus grande pratique des relations avec les laboratoires de recherche, avant d'aborder ces problèmes seulement sur le plan d'une renégociation des conventions collectives. En d'autres termes, il faut que la reconnaissance du titre de docteur au sein des branches professionnelles passe par les mêmes efforts qui ont été déployés pour le titre d'ingénieur.

Parallèlement, le monde de l'entreprise et le monde de l'enseignement et de la recherche doivent mieux interagir et cette idée implique davantage de relations contractuelles sur des projets communs et surtout par une mobilité réciproque des professionnels tout au long de leur parcours professionnel. Les docteurs, même s'ils ne représentent qu'une petite partie de ces professionnels, en font partie.

1. Ce terme est plus explicite en anglais avec le terme *branding*.

Propositions des organisations représentatives

Parmi les acteurs favorables à la reconnaissance du doctorat dans les conventions collectives, on trouve notamment le **SNIRS (CFE-CGC)**, le **SNTRS-CGT**, la **CFTC-INRA**, le **SCENRAC-CFTC**, **Sup'Recherche-UNSA**, l'**UNI**, le **SGEN-CFDT**, **FO**, la **FAGE**, **Promotion et défense des étudiants**, la **Confédération étudiante**, le **SNCS-FSU**, la **FNSAESR-CSEN**, le **SNESUP-FSU**, l'**UNEF** (horizon 2012 souhaité avec un début de négociations dès la rentrée 2007) et **SLR**.

Parmi les organisations non syndicales, la **CPU** y est également favorable. L'**ABG** souligne, de son côté, qu'il s'agit de reconnaître le doctorat au sein de certaines grilles indiciaires (conventions collectives), l'embauche se faisant à plusieurs niveaux indiciaires.

Pour **Sup'Recherche-UNSA**, il s'agit de jouer sur la principale caractéristique de la formation doctorale : la capacité à se remettre en cause qui peut être très utile à l'employeur.

L'**UNEF** souhaite la reconnaissance de la spécificité du doctorat. À ce titre, elle est opposée à ce que certains types de postes tels que ceux d'ingénieurs de recherche soient ouverts à la fois aux docteurs et aux ingénieurs des grandes écoles.

Le **SNTRS-CGT** affirme que, dans les cas où des entreprises auraient bénéficié du travail de doctorants, elles auraient un devoir de recrutement envers les jeunes chercheurs, en tant qu'employeurs, à l'issue de la formation doctorale de ceux-ci.

La **FNSAESR-CSEN**, si elle est favorable à la reconnaissance du doctorat dans les conventions collectives, affirme que l'État doit montrer l'exemple auparavant (*cf.* thème VII). Elle souhaite, comme l'ANDèS et comme SLR, une politique d'information et de promotion du doctorat vers les entreprises. Organisme non syndical, l'**ANDèS** est également favorable à la reconnaissance du doctorat dans les conventions collectives. Elle suggère de communiquer davantage sur les compétences des docteurs et de promouvoir la présence de docteurs aux postes décisionnels.

Cette dernière idée trouve par ailleurs sa validation dans l'argumentation du **groupe Glaizer** (agence en innovation) qui rapporte que la forte présence d'ingénieurs dans les échelons supérieurs de décision s'explique par le fait que ceux-ci ont tendance à aller vers le connu, c'est-à-dire à privilégier le recrutement d'autres ingénieurs. Les formations doctorales restent trop peu connues des entreprises.

Le **SNPREES-FO** souhaite aborder la question de la reconnaissance du doctorat dans les conventions collectives dans le cadre de «la libre négociation» entre partenaires sociaux.

Pour le **MEDEF**, la valorisation du titre de docteur au sein des branches professionnelles passe par quatre mesures :
– promouvoir la reconnaissance par les branches professionnelles dans les conventions collectives du titre de docteur. L'organisation cite notamment l'exemple de la convention établie pour le domaine chimique;

– inciter les branches professionnelles à enrichir leurs référentiels métiers des fonctions et pratiques liées à l'innovation et à la recherche et à prendre en compte pleinement les formations doctorales et les compétences associées. Réfléchir à l'éventuelle articulation avec le RNCP (possibilité d'une inscription par le biais d'une fiche de compétences, supplément au diplôme qui expliciterait «les compétences réputées acquises» pour certaines branches en capacité de le faire, eu égard à leurs pratiques professionnelles);

– inciter les entreprises lors de l'embauche à valoriser l'expérience acquise par le doctorant ou le docteur en mobilité à l'instar des pratiques d'embauches des ingénieurs;

– refuser, en toute hypothèse, d'opposer le doctorat au titre d'ingénieur. L'un et l'autre constituent la validation de formations distinctes et complémentaires. Le rapprochement des écoles d'ingénieurs et des universités permet d'intégrer l'ensemble du spectre du LMD et de faire jouer toutes les complémentarités constituant une fantastique opportunité pour la reconnaissance des docteurs.

En outre, l'organisation patronale plaide pour la conduite d'enquêtes qualitatives sectorielles sur l'emploi des docteurs au sein des entreprises. Le MEDEF suggère également de «rendre plus visible l'originalité de la formation et de ses apports distinctifs ultérieurs à une pratique professionnelle (recherche, innovation, enseignement, création d'entreprise ou d'activité, management, prospective...)». Enfin, afin de valoriser la formation doctorale auprès des entreprises, il s'agirait de «créer un certificat d'aptitude au management de l'innovation (CAMI) sanctionnant les parcours de formation ou de professionnalisation destinés à faciliter l'insertion professionnelle en entreprise. Le CAMI pourrait avoir une déclinaison sectorielle s'inscrivant naturellement dans la reconnaissance du doctorat par les branches professionnelles».

La **CGPME** estime que le secteur privé aurait tout intérêt à ne pas se priver des cadres de haut niveau qu'offre la formation doctorale. Les cabinets de conseil pourraient également accueillir des doctorants.

Organisation non syndicale, le **CDEFI** affirme que la reconnaissance ne se décrétera pas. Il convient donc de travailler avec les employeurs.

Pour l'**ABG**, la revalorisation du doctorat auprès du secteur privé passe notamment par trois mesures :

– la mise en place d'un réseau de docteurs en entreprise afin de mutualiser les expériences et d'organiser un système d'entraide et de conseils intergénérationnel;

– l'implication des branches professionnelles et des associations patronales en tant que partenaires : il s'agit de capitaliser sur l'ouverture récente de grands acteurs économiques vis-à-vis de la formation doctorale;

– le lancement d'une large campagne de communication en direction du grand public sur la place, l'apport et l'importance des docteurs pour le développement économique.

Il est enfin possible d'ajouter l'une des recommandations de l'IGAENR intervenant sur le thème de la revalorisation du doctorat dans le secteur privé : «Partager les efforts de **l'Association Bernard Gregory** pour promouvoir le titre de docteur et les compétences qui lui sont attachées dans le cadre des conventions collectives et auprès des groupements professionnels».

La proposition la plus unanime apparaît donc être celle visant à la reconnaissance du diplôme de doctorat au sein des conventions collectives.

Recommandations VIII du Conseil

- La reconnaissance du doctorat dans les conventions collectives doit être encouragée.

- Il conviendrait de mobiliser les entreprises par branche professionnelle et leurs représentants syndicaux (de la grande entreprise à la PME) en faveur de l'innovation et de la recherche autour d'une charte des bonnes pratiques, sur la coopération avec les écoles doctorales et l'insertion des docteurs dans l'entreprise. Cette charte pourrait notamment aborder les points suivants : les modes de financement des thèses, les modes de participation des entreprises et des branches professionnelles aux organes de gouvernance et aux conseils de perfectionnement des écoles doctorales, la mobilisation de parrains et de tuteurs entrepreneuriaux pour l'innovation, la mise en place de certificats d'aptitude au management de l'innovation et l'encouragement de la publicité autour des réussites professionnelles des docteurs.

THÈME IX

Le rôle du crédit impôt recherche (CIR)

État du droit

Pour les entreprises bénéficiant du crédit d'impôt recherche (CIR), un avantage est aujourd'hui consenti concernant le temps de travail des jeunes docteurs recrutés pour des activités de recherche. Ce dispositif s'appuie sur l'**article 244 *quater* B**[1] **du Code général des impôts**, modifié par la loi de finances du 30 décembre 2005.

Cet «avantage» concerne les douze premiers mois de recrutement d'un jeune docteur, sous réserve que son contrat soit à durée indéterminée et que le nombre d'employés de la société ne soit pas inférieur à celui de l'année précédente. Dans ces conditions, la charge salariale est doublée dans l'assiette, et les frais forfaitaires de fonctionnement sont à 200 % au lieu de 75 %; ainsi, l'assiette du crédit d'impôt recherche est à 400 % des charges salariales du jeune docteur, contre 175 % pour les autres salariés.

Éléments de problématique

Jusqu'en 2003, le CIR était égal à 50 % de la progression de la R & D d'une année, par rapport à la moyenne des deux années précédentes, et plafonné à 6 M€. En 2004, une part en volume à 5 % a été introduite, limitant la part en accroissement à 45 %. En 2006, celle-ci est passée à 10 %, pour une part en accroissement à 40 %. Le plafond est désormais à 10 M€.

Différentes études économétriques (J. Mairesse et B. Mulkay en 2004 et E. Duguet en 2006-2007) montrent l'effet incitatif du dispositif. En

1. *Cf.* annexe du thème IX.

effet, chaque euro de crédit d'impôt accordé déclencherait, suivant les analyses, un financement sur fonds privés de un à trois euros.

En 2005, 6369 entreprises ont déposé une déclaration de crédit d'impôt recherche au titre de l'année 2004 (dernier exercice connu), pour un crédit d'impôt recherche de 890 M€. Les dépenses de R & D se répartissent principalement en frais de personnel à 40 % (et près de 70 % si on leur ajoute les frais de fonctionnement calculés forfaitairement par rapport aux frais de personnel), en recherche sous-traitée (21 %) et en dotation aux amortissements (5 %).

Le crédit d'impôt recherche apparaît comme une mesure favorable aux PME, puisque les entreprises indépendantes de moins de 250 salariés (au sens communautaire), engagent 11 % des dépenses de R & D déclarées et récupèrent 24 % du crédit d'impôt, alors que les entreprises non indépendantes de moins de 250 salariés représentent 5 % des dépenses et bénéficient de 9 % du crédit d'impôt recherche.

Les entreprises dont l'effectif est compris entre 250 et 500 salariés effectuent 15 % de R & D et bénéficient de 14 % du crédit d'impôt recherche. Enfin, les entreprises dont l'effectif est supérieur à 500 salariés déclarent 65 % des frais de recherche, mais ne bénéficient que de 49 % du crédit d'impôt.

Le crédit d'impôt recherche est une mesure d'ordre général qui impacte l'ensemble des secteurs d'activité et des régions, même si l'Île-de-France laisse apparaître une forte représentation due en partie à la localisation des sièges sociaux et des centres de R & D.

Une modification de la mesure est à l'étude, la solution aujourd'hui envisagée étant sa simplification en supprimant la «part en accroissement» pour se limiter à une «part en volume», qui pourrait avoir un taux variable. Les éléments de l'assiette ne semblent pas pour l'instant remis en cause.

Un développement de la reconnaissance de l'apport innovant d'un docteur au sein d'une entreprise pourrait se faire par l'intermédiaire de l'élargissement de l'avantage «jeune docteur» à l'ensemble des activités conduites par un jeune docteur, dans les mêmes conditions d'éligibilité pour ce qui est des conditions d'emploi.

L'amélioration du dispositif ARI-Doc (aide au recrutement d'ingénieur)

Oséo-Anvar est chargée de la gestion des aides ARI-Doc pour le ministère. Elles s'adressent à des candidats qui sont titulaires d'un bac + 5 et plus et ont vocation à être affectés à des tâches de R & D dans une PME-PMI de droit français, de moins de 2000 personnes, dont le siège ou l'établissement est implanté en France. Le contrat de travail peut être à durée indéterminée ou déterminée pour les docteurs et uniquement à durée indéterminée dans tous les autres cas. Elle verse une subvention qui peut représenter jusqu'à 50 % des dépenses liées à la première année de recrutement du cadre (salaires, charges sociales, frais engagés avec un centre de compétences, formation externe). Cette subvention est plafonnée à 25 000 euros pour les ingénieurs et à 27 000 euros pour les docteurs. Elle est majorable de 3 000 euros au titre de la rémunération du centre de compétences. Cette procédure peut faire l'objet d'un cumul éventuel avec une exonération de charges (ex. : dans le cadre d'une jeune entreprise innovante), être également financée par des collectivités territoriales et par des fonds structurels européens (FEDER et FSE).

En 2005, le nombre d'ARI-Doc était de 180 alors que celui des aides au recrutement d'ingénieurs était de 648. Depuis 1997, sept fois plus d'ingénieurs que de docteurs ont été financés dans le cadre de ce dispositif.

Actant la faiblesse du nombre d'ARI-Doc, le « Pacte pour la recherche » a fixé comme objectif de doubler, d'ici 2007, le nombre de doctorants aidés dans ce cadre. Afin d'augmenter le nombre de recrutements de docteurs, **une piste de réflexion pourrait être l'élargissement du périmètre du dispositif**.

La question se pose de l'opportunité du rallongement de la période de douze mois à trois ans pendant laquelle les dépenses de personnel liées à l'emploi d'un docteur sont prises en compte pour le double de leur valeur dans le calcul du CIR.

Propositions des organisations représentatives

Le **SNIRS (CFE-CGC)** souhaite la redéfinition du CIR afin que celui-ci soit lié à l'embauche de chercheurs (coût compté double dans l'assiette servant au calcul du CIR).

SLR et le **SGEN-CFDT** souhaitent soumettre l'octroi du CIR à l'embauche de chercheurs également.

Pour le **SNCS-FSU**, « les mesures fiscales, telles que le crédit d'impôts, sont le plus souvent des effets d'aubaines pour les industriels que de réelles incitations à fixer leur effort de recherche sur le territoire national ».

Le **MEDEF** se réjouit de l'augmentation de l'enveloppe budgétaire du CIR, qui est de nature à « créer des opportunités nouvelles et significatives d'embauches de chercheurs et d'innovateurs au sein des entreprises, notamment des PME ». Il souhaite son accroissement et propose deux pistes pour son amélioration :
– le simplifier, le sécuriser en matière d'interprétation ou de qualification par les services fiscaux notamment vis-à-vis des PME, veiller à ce que l'assiette soit adaptée pour qu'il puisse jouer pleinement son rôle de levier en matière d'investissements et de développement de l'emploi dans le domaine de l'innovation et de la recherche;

– modifier la clause actuelle favorisant l'embauche de jeune chercheur, en retirant la condition de croissance de l'effectif de l'entreprise.

En ce qui concerne le dispositif ARI-Doc, le MEDEF appelle à son développement.

Enfin, en ce qui concerne les organisations non syndicales, l'**ANDèS** intervient sur la question fiscale en demandant une refonte de « notre dispositif d'aides aux entreprises, pour renforcer les incitations à la création et les aides au développement d'entreprises innovantes ».

Les organisations représentatives abordant la question du CIR sont majoritairement favorables à l'établissement d'un lien entre le celui-ci et le recrutement de jeunes chercheurs.

Recommandation IX du Conseil

• Les critères d'attribution du crédit impôt recherche doivent favoriser davantage l'embauche de docteurs.

AXE 3

Les conditions de recrutement des jeunes chercheurs

THÈME X

Âge et parité

État du droit

L'âge des jeunes chercheurs lors de leur recrutement

Afin de favoriser l'accès ou le retour à l'emploi, le gouvernement a supprimé **les conditions d'âge** qui encadrent l'accès à la fonction publique. La nouvelle rédaction de l'article 6 de la **loi du 13 juillet 1983** portant droits et obligations des fonctionnaires restreint les possibilités de limiter l'âge de recrutement des fonctionnaires. Ces dispositions s'appliquent en particulier aux métiers de la recherche, d'autant plus que la durée de la formation était souvent incompatible avec les limites d'âge, notamment celle fixée pour le concours de chargé de recherche de 2e classe.

La part des femmes

Les textes de la fonction publique sur l'égalité (**loi du 7 mai 1982**) affirment le principe de l'égal accès des hommes et des femmes aux emplois publics et font obligation au gouvernement de rendre compte tous les deux ans devant le Parlement des mesures prises en vue de garantir à tous les niveaux de la hiérarchie le respect de ce principe. Ce principe général est ensuite décliné dans la fonction publique de l'État (**loi no 84-16 du 11 janvier 1984**), dans la fonction publique territoriale (**loi no 84-53 du 26 janvier 1984**), et dans la fonction publique hospitalière (**loi no 86-33 du 9 janvier 1986**).

La **circulaire du 24 janvier 1983** relative à l'égalité entre les femmes et les hommes et à la mixité dans la fonction publique reconnaît la nécessité de promouvoir, sur le plan du recrutement, de la formation et de la promotion, des actions visant à résorber ces disparités. La **loi no 2001-397 du 9 mai 2001** relative à l'égalité professionnelle entre les femmes et les hommes, dite loi Génisson, contient dans les articles 19 à 31 un certain nombre de dispositions destinées à promouvoir l'égalité professionnelle au sein des fonctions publiques.

Les actions positives dans le domaine professionnel ont par ailleurs été légitimées par le **traité d'Amsterdam**. En effet, l'alinéa 4 de l'article 141 du traité dispose que : « Pour assurer concrètement une pleine égalité entre hommes et femmes dans la vie professionnelle, le principe de l'égalité de traitement n'empêche pas un État membre de maintenir ou d'adopter des mesures prévoyant des avantages spécifiques destinés à faciliter l'exercice d'une activité professionnelle par le sexe sous-représenté ou à prévenir ou compenser des désavantages dans la carrière professionnelle. » Deux types d'actions positives sont visés : les actions de correction ou de rattrapage et les actions de compensation.

Le Conseil constitutionnel n'a pas fait d'observation sur cet article lors de l'examen de la constitutionnalité du traité (DC n° 97-394 du 31 décembre 1997, Recueil p. 344).

Éléments de problématique

« Les femmes représentent approximativement 30 % de la population des chercheurs dans le secteur public, mais la proportion n'est que de 15 % dans la recherche en entreprise. Ces pourcentages concernant la participation globale des femmes ne devraient pas occulter le phénomène maintenant bien connu du "tuyau percé" (*leaky pipeline*), par lequel le nombre de femmes a tendance à diminuer de manière disproportionnée à mesure qu'on approche du haut de l'échelle : elles représentent en effet moins de 10 % des professeurs titulaires dans l'Union européenne.

Les données les plus récentes pour 2001 ont révélé que les femmes représentent maintenant environ 40 % des titulaires d'un doctorat dans l'Union européenne, ce qui montre qu'il y a un nombre croissant de chercheurs féminins ayant suivi un enseignement poussé. Cette tendance ne devrait toutefois pas être considérée comme la solution pour une plus grande égalité entre les sexes. Comme a été démontré dans le troisième rapport européen sur les indicateurs de la science et de technologie 2003, **la sous-représentation des femmes dans les activités de R & D est le résultat de différents facteurs complexes** qui se combinent pour constituer des formes de discrimination subtiles mais cumulatives et, à ce titre, exigent différents types d'action.

De même, les femmes doivent être reconnues pour leurs réalisations et ne pas être soumises à une pression excessive pour les pousser à surpasser leurs collègues masculins. La mise en réseau et le tutorat sont également d'importants mécanismes de soutien des chercheurs féminins dans leur carrière. Les entreprises commerciales et les organismes de recherche devraient promouvoir les bonnes pratiques, telles que la flexibilité du temps de travail, les doubles carrières (*dual track careers*), les journées spécialement destinées aux jeunes filles, etc.

Au-delà des mesures spécifiques, il est primordial que «l'optique paritaire» soit appliquée dans l'analyse des carrières des chercheurs. À cet effet, il faut reconnaître et tenir compte des différents impacts que les caractéristiques de structuration des carrières dans la R & D ont sur les chercheurs féminins et masculins. Cela est également vrai lorsqu'il s'agit de déterminer comment la science peut être rendue attrayante pour les jeunes à un stade précoce : la maximisation de l'attrait exige une gamme étendue d'approches pour susciter l'intérêt tant des garçons que des filles. Voilà les exigences de l'intégration et c'est la raison pour laquelle la dimension hommes-femmes est susceptible non seulement d'aboutir à une véritable égalité entre les sexes mais aussi d'ouvrir de nouvelles perspectives[1].

Panorama statistique sur l'âge moyen de recrutement des jeunes titulaires de l'enseignement supérieur et de la recherche

En ce qui concerne le recrutement dans la recherche universitaire, l'**âge moyen** des nouveaux **maîtres de conférences** toutes disciplines confondues est de **32 ans et 8 mois**. Cette moyenne cache de grandes disparités entre les disciplines : il est de 30 ans et 5 mois en sciences, de 32 ans et 9 mois en pharmacie et 32 ans et 8 mois en droit, pour atteindre 36 ans et 6 mois en lettres.

Un bilan de la première campagne de recrutement 2006 des maîtres de conférences, établit que 2102 postes de maîtres de conférences ont été ouverts au recrutement, et 1984 ont été pourvus. 11556 personnes ont candidaté à ces postes. Les femmes représentent 42,2 % des lauréats. Le nombre de candidatures multiples est important, car on dénombre 89790 candidatures au total.

Cette campagne confirme une polarisation observée les années précédentes, autour de trois voies d'accès privilégiées :

- 27,3 % des 1984 recrutés étaient auparavant des ATER non fonctionnaires;
- 25,6 % étaient postdoctorants;
- 10,1 % étaient professeurs agrégés du second degré.

Au CNRS, l'âge moyen d'entrée dans la carrière de titulaire est d'environ **30 ans** pour les chargés de recherche 2e classe et **35 ans** pour les 1re classe. À l'INSERM, les chargés de recherche sont recrutés en moyenne avec deux ans de plus.

1. Extrait de la communication de la Commission européenne intitulée « Les chercheurs dans l'espace européen de la recherche : une profession, des carrières multiples » du 18 juillet 2003.

La part des femmes

Part des femmes la recherche

	Part des femmes
Entrée à l'université	58 %
Doctorants	46 %
Docteurs	41 %
CR/MCF et assimilés*	34 %
DR/PR et assimilés*	15 %
Chercheurs du secteur privé	21 %
Personnels de soutien du secteur public	49 %
Personnels de soutien du secteur privé	30 %

Enseignement supérieur		
Part des femmes		**Recrutement 2005**
1985	**2005**	**2005**
30 %	40 %	41 %
9 %	17 %	24 %

* Y compris les chercheurs des EPIC
Source : MESR.

En 2005-2006, les femmes sont encore peu nombreuses dans les cursus universitaires à dominante scientifique. Elles restent minoritaires en sciences fondamentales et applications (27 %) et représentent seulement 25 % des élèves des écoles d'ingénieurs. Si elles sont majoritaires en cursus licence (58 %) et en cursus master (57 %), les femmes ne sont plus que 46 % en cursus doctorat (28 % en sciences fondamentales et application, plus de 65 % en lettres et en langues). Au regard du nombre de doctorats délivrés, leur part est de 41 %.

Pour les pays dont les statistiques sont disponibles, on observe une forte variation de la part des femmes dans l'effectif total de chercheurs (en personnes physiques). Elle varie de 51 % en Argentine à 12 % au Japon. En 2004, les femmes représentent 28 % de l'effectif de chercheurs en France. Depuis 2000, cette part stagne en France et ne progresse que très faiblement dans l'ensemble des pays de l'OCDE.

La France se situe aujourd'hui dans la moyenne européenne, devançant les Pays-Bas, l'Autriche ou l'Allemagne, qui comptent entre 21 % et 27 % de chercheures. Elle est derrière des pays tels que le Portugal, l'Espagne, la Grèce ou encore la Finlande, qui comptent entre 35 % et 50 % de chercheures.

En 2004, la France compte 133 000 femmes en activité dans la Recherche et Développement, dont 69 000 chercheures qui constituent 34 % des chercheurs. Le taux de féminisation est en France plus important dans le secteur public que dans la recherche privée : deux tiers des chercheures travaillent dans le public. Dans la recherche publique, les femmes représentent 34 % des effectifs de chercheurs, soit une progression de 2 points par rapport à 2000, et la moitié des effectifs des personnels de soutien.

Dans le secteur privé, le nombre de femmes a doublé en vingt ans. Elles représentent aujourd'hui 21 % des effectifs des chercheurs et 30 % du personnel de soutien.

Dans la recherche universitaire, la place des femmes (29 % du total en 2004) varie dans de larges proportions selon les disciplines, c'est dans les sciences de la matière qu'elle est la plus faible, à l'exception notable de la chimie (28 %).

Le poids des femmes chercheures travaillant dans les EPST est en moyenne de 36 %.

Des actions d'information sur les études et les métiers scientifiques, accompagnées de mesures d'incitation, sont développées auprès des publics féminins. Éducation nationale, enseignement supérieur, mais aussi médias et entreprises sont associés afin de combattre ces processus d'autocensure et la persistance des stéréotypes.

Le recrutement, le maintien et la promotion des femmes dans la recherche exigent des pratiques innovantes en termes d'évaluation et de récompense des performances. Pour qu'elles soient attrayantes pour les femmes, il faut que les carrières, dans la R & D, cessent d'être considérées comme étant en conflit avec les obligations familiales, un problème qui continue à concerner presque exclusivement les femmes. Ces questions rejoignent la problématique de l'articulation de la vie familiale et de la vie professionnelle.

Données statistiques : *cf.* annexe du thème X.

Propositions des organisations représentatives

L'âge du recrutement

Parmi les acteurs favorables au recrutement des jeunes chercheurs au plus près de la thèse, on trouve notamment : le **SNTRS-CGT**, la **CFTC-INRA**, le **SCENRAC-CFTC**, **Sup'Recherche-UNSA**, l'**UNEF**, le **SNPREES-FO**, **SUD-Recherche-EPST**, la **CGT-INRA**, le **SNCS-FSU**, le **SNESUP-FSU** et **SLR**.

SUD-Recherche-EPST affirme que « supprimer la limite d'âge pour le recrutement en CR2 sans revoir le déroulement de carrières en CR (chargé(e) de recherche) était une absurdité : la première mesure à prendre est évidemment la suppression du barrage de classe entre CR2 et CR1 ». Le **SNCS-FSU** partage ce constat (suppression de la limite d'âge comme une erreur).

En ce qui concerne l'âge du recrutement, le **SCENRAC-CFTC** adopte une position plus précise en dénonçant le décalage, qui nuit à la réputation des docteurs, entre l'âge moyen d'insertion professionnelle des jeunes cadres (25-27 ans) par rapport aux jeunes chercheurs (30 ans). La solution résiderait alors dans le recrutement au plus près de la thèse, voire même avant, « si les entreprises participaient au financement des thèses ». La **CFTC-INRA** adopte la même position et demande en sus, au ministère, une étude des conséquences sur l'âge et le niveau des recrutements de la suppression de la limite d'âge à 30 ans.

La **FNSAESR-CSEN** affirme que, « pour ne pas écarter des agrégés de 30 à 40 ans, pour qui le statut d'ATER actuel représente une grosse régression financière (baisse du salaire et nécessité de racheter les points de retraite), il faut prévoir un statut de détaché pour trois ans avec conservation du salaire et même la possibilité de promotions, selon le statut du corps et les conditions requises au choix ou à l'ancienneté. La situation d'allocataire moniteur ne convient qu'à un jeune agrégé immédiatement après l'agrégation ».

La **CGPME** propose d'accepter des thésards plus âgés et le développement d'« executive PhD » ce que l'on pourrait définir comme des « thèses professionnelles ». Ce qui implique, pour le doctorant, la réalisation d'une thèse tout en travaillant à temps plein, en parallèle, pour une organisation quelconque. Il est à noter l'opposition de la **CPU** à toute idée de thèse professionnelle.

SLR propose la solution suivante : « le recrutement CR2/maître de conférences 1er à 3e échelon doit se faire entre la fin de la thèse (ou "un niveau équivalent") et les six ans qui suivent le début de celle-ci. Cette limite devra être réglementaire et remplacer la limite d'âge actuellement en vigueur pour les concours de chargés de recherche. »

Le **SNPREES-FO** insiste sur l'idée d'un recrutement dès la fin de la thèse en supprimant les passages par les post-docs., les contrats intermédiaires, etc. Le syndicat souhaite en outre l'instauration du doctorat comme diplôme permettant l'accès aux corps de maître de conférences et de CR2 dès son obtention (en qualité « d'élève fonctionnaire »).

Enfin, l'**IGAENR** a émis une recommandation quant à l'âge d'entrée dans la carrière : « Renforcer l'attractivité des carrières de la recherche en France en s'appuyant sur les meilleurs exemples européens (notamment l'Allemagne, la Finlande, l'Irlande) et en orientant la gestion des ressources humaines en direction d'une plus grande attention portée aux différentes étapes des parcours professionnels, à leur durée (**âge d'entrée dans la carrière**, accélération des carrières pour les meilleurs), à l'insertion professionnelle des agents concernés et à l'intégration, dans la base de rémunération des différents corps de personnels, d'éléments prenant en compte leur mérite et/ou la nature des fonctions exercées. »

La parité

SUD-Recherche-EPST préconise, en ce qui concerne la question de la parité, d'équilibrer la composition des instances nommées.

La **CFTC-INRA** et le **SCENRAC-CFTC** souhaitent une réaffirmation « avec force et conviction » des principes de base visant à l'établissement d'une véritable équité hommes-femmes, notamment lors du recrutement et pour l'accès aux carrières de haut niveau et management.

Le **SNIRS (CFE-CGC)** se félicite d'un léger mieux dans le domaine de l'égalité hommes-femmes dans la recherche et du fait que le gouvernement présente au Parlement, chaque année, un bilan des mesures tendant à assurer cette égalité.

Le **SGEN-CFDT** souhaite que les instances d'évaluation et de recrutement présentent une composition équilibrée proche de la parité.

SLR insiste sur le maintien de statuts stables et sécurisés pour le personnel de la recherche, la précarisation dissuadant les femmes de s'engager, puisque les pénalisant particulièrement.

La **CGT-INRA** demande à ce que les CR2 femmes « en cours de maternité » puissent avoir de bonnes conditions de travail, « en adaptant si besoin leurs missions ».

Le **MEDEF** suggère de développer des plans d'actions spécifiques en direction des publics féminins dont la part stagne entre 25 et 30 % des effectifs de ces filières ainsi que de poursuivre les actions en matière d'égalité des chances pour l'accès à des postes de responsabilité.

Les questions de la parité et de l'âge en ce qui concerne le recrutement ont suscité peu de réactions au regard du nombre de contributions sur la question que le Conseil a reçues. Celles-ci dénoncent principalement les situations (inégalités hommes-femmes notamment). Les organisations représentatives interviennent sur la question de l'âge en demandant à ce que le jeune chercheur soit recruté au plus près de la thèse. Le maximum généralement admis se situe à deux ans.

Recommandation X du Conseil

- Le Conseil appuie la volonté de développer la place des femmes dans la recherche. Il convient de leur permettre notamment d'avoir des enfants à un âge choisi, le nombre d'enfants nés pendant la période de thèse devant être pris en compte pour la durée des thèses et le calcul des retraites.

THÈME XI

Les offres de carrières de recherche dans les EPST, les EPIC et les EPCSCP : statut, modalités de recrutement, perspectives de carrières

Ce thème aborde également la question des **décharges d'enseignement**.

État du droit

Ce thème complexe nécessite une approche différenciée en ce qui concerne l'état du droit. Il s'agit de se pencher tout d'abord sur les contrats ayant cours dans les EPCSCP et les EPST, puis sur les contrats dans les organismes soumis au Code du travail, comme les EPIC. La question des décharges d'enseignement doit également être soulevée.

Dans les EPCSCP et les EPST : des possibilités de CDD strictement encadrées

La **loi n° 84-16 du 11 janvier 1984** portant dispositions statutaires relatives à la fonction publique de l'État et le **décret n° 86-83 du 17 janvier 1986** pris pour son application prévoient cinq hypothèses où le recours au contrat à durée déterminée est possible (articles 4, 5 et 6) :

– l'absence de corps de fonctionnaires susceptibles d'assurer les fonctions correspondantes;

– pour les emplois de catégorie A, lorsque la nature des fonctions ou les besoins des services le justifient;
– les emplois permanents d'enseignants-chercheurs des établissements d'enseignement supérieur et de recherche peuvent être proposés aux personnels associés ou invités;
– les fonctions correspondent à un besoin permanent d'un service à temps incomplet;
– les besoins saisonniers ou occasionnels.

L'article 4 (modifié par loi n° 2005-843 du 26 juillet 2005) de la loi n° 84-16 du 11 janvier 1984 précise que les contrats à durée déterminée ont une **durée maximale de trois ans** et sont **renouvelables**.

La durée des contrats successifs ne peut excéder six ans. S'ils sont reconduits à l'issue de la période maximale de six ans, ils le sont pour une durée indéterminée.

Une ouverture vers des CDI

L'article L. 954-3 du Code de l'éducation créé par la loi n° 2007-1199 du 10 août 2007 relative aux libertés et responsabilités des universités précise que «Sous réserve de l'application de l'article L. 712-9, le président [de l'université] peut recruter, pour une durée déterminée ou indéterminée, des agents contractuels.»

Ces dispositions s'appliqueraient aux universités bénéficiant de responsabilités et de compétences élargies mentionnées à l'article L. 712-8.

Les EPIC, fondations de droit privé, associations : des CDD soumis au droit du travail

L'article L. 122-1 du Code du travail précise que le CDD ne peut avoir «pour objet ou pour effet de pourvoir durablement un emploi lié à l'activité normale et permanente de l'entreprise.»

Les possibilités de recours au contrat à durée déterminée ou au contrat de travail temporaire sont limitativement énumérées par la loi et limitées dans le temps (articles L. 122-1-1 et L. 122-2 du Code du travail). L'article L. 122-1-2 précise que le CDD en droit du travail ne peut être renouvelé qu'une fois pour une durée déterminée qui, ajoutée à la durée du contrat initial, ne peut excéder la **durée maximale de dix-huit mois**. Elle est portée à **vingt-quatre mois** lorsque le contrat est exécuté à l'étranger. Lorsque le contrat est conclu au titre de L. 122-1-1 3° (contrats d'usage), il peut ne pas comporter un terme précis, il doit alors être conclu pour une durée minimale et il a pour terme la réalisation de l'objet pour lequel il a été conclu.

Des dérogations à la durée existent si le contrat a pour objet un complément de formation (article L. 122-2).

L'article D. 121-1, d) pris en application permet la conclusion de contrats à durée déterminée pour les **bénéficiaires d'une aide financière individuelle à la formation par la recherche** que cette aide soit versée directement au chercheur ou qu'elle le soit par l'intermédiaire de l'entreprise d'accueil.

La **durée du contrat** ne peut alors être supérieure à la **période donnant lieu à l'octroi de l'aide financière**.

La résorption des emplois précaires

La **loi n° 2001-2 du 3 janvier 2001** relative à la résorption de l'emploi précaire dans la fonction publique et la **loi n° 2005-843** portant diverses mesures de transposition du droit communautaire à la fonction publique ont contribué à résorber la précarité, en ouvrant des concours réservés aux agents contractuels et en requalifiant des CDD en CDI. La cohabitation de deux statuts d'emploi permanent au sein de la fonction publique et l'ouverture d'un recrutement par CDI font aujourd'hui l'objet d'un débat.

Les possibilités de décharges d'enseignement pour faire de la recherche offertes aux jeunes maîtres de conférences

Les décharges d'enseignement sont prévues par l'**article 7 du décret du 6 juin 1984** portant statut des enseignants-chercheurs. Elles concernent surtout les enseignants qui exercent des responsabilités administratives. Par ailleurs, il existe d'autres décharges pouvant concerner plus spécifiquement les jeunes maîtres de conférences, une fois qu'ils sont titularisés (c'est-à-dire à partir de la deuxième année), qui résultent des mises en délégation et attributions de **congés pour recherche et conversion thématique** (CRCT).

Tout récemment, l'article 19 de la **loi n° 2007-1199 du 10 août 2007 relative aux libertés et responsabilités des universités** modifie l'article L. 954-1 du Code de l'éducation, en établissant que «le conseil d'administration [...] définit les principes généraux de répartition des obligations de service des personnels enseignants et de recherche entre les activités d'enseignement, de recherche et les autres missions qui peuvent être confiées à ces personnels.»

Éléments de problématique

Après un point sur l'expérience conduite par l'INSERM, la problématique relative aux emplois de chercheurs contractuels offerts aux jeunes chercheurs est l'un des points essentiels de ce rapport. Enfin, un arrêt sur les possibilités offertes aux maîtres de conférences de faire de la recherche dans des conditions satisfaisantes (décharges d'enseignement) s'impose.

Le projet INSERM : un programme associant CDD et dotation pour mener à bien la recherche

Lancés en 2000 par l'INSERM, les **programmes Avenir** sont destinés à favoriser l'émergence et l'autonomie de jeunes chercheurs de talent («postdoctorants» ou statutaires, cliniciens ou non) qui présentent un projet de recherche biomédicale innovant. Dans cet objectif, les lauréats reçoivent une dotation de fonctionnement annuelle pouvant aller jusqu'à trois ans ainsi qu'une allocation mensuelle, financée par les partenaires de l'INSERM : ministère de la santé (DHOS, DGS), hôpitaux, universités, conseils régionaux, Agence nationale de recherche sur le sida (ANRS), Caisse d'assurance maladie des professions indépendantes (CANAM), Fondation pour la recherche médicale (FRM), Association française contre les myopathies (AFM), Association de recherche contre le cancer (ARC), Ligue nationale contre le cancer (LNCC), Fondation de France. **En 2004, dix contrats Avenir ont été mis en place en Île-de-France**.

Depuis le début du programme Avenir en 2001, 48 équipes ont pu bénéficier de ce partenariat.

Initialement, ce soutien a été apporté aux lauréats Avenir non statutaires pour assurer leur salaire (CDD de trois ans). En 2006, ce partenariat a été élargi sous forme de soutien à l'équipe (salaire d'un postdoctorant ou complément de budget de fonctionnement).

Depuis plusieurs années, l'INSERM propose à des chercheurs et ingénieurs de recherche des **«contrats d'interface»** d'une durée de trois à cinq ans pour encourager les collaborations avec l'hôpital et l'industrie.

En plus de leur propre rémunération de titulaire pour leur activité de recherche fondamentale ou clinique, les chercheurs ou ingénieurs reçoivent un complément qui correspond à un projet de transfert de connaissances au soin, à la santé publique ou à l'enseignement, et de contrats de consultance avec l'industrie.

La sélection des titulaires de ce type de contrats s'effectue «sur la base d'une identification des dossiers éligibles par des membres des commissions de l'INSERM», suivie de leur évaluation par les institutions partenaires.

Depuis la mise en place du dispositif, 41 conventions ont été signées avec les hôpitaux, les centres de lutte contre le cancer et les agences sanitaires et 23 avec les universités et grandes écoles. En 2006, le partenariat a pu s'étendre également à une école nationale vétérinaire.

Bilan 2006 – rapport annuel de l'INSERM :

Chercheurs recrutés (flux 2006)	87
Chercheurs étrangers *(postes verts)*	53, dont 17 nouveaux en 2006
ITA recrutés (flux 2006)	154
Contrats chercheurs juniors	56 en cours, dont 27 nouveaux en 2006
Contrats Avenir	73 en cours, dont 23 nouveaux en 2006 (DRH)
Contrats d'interface chercheurs	448 en cours, dont 120 nouveaux en 2006
Contrats d'interface hospitaliers	88 en cours, dont 11 nouveaux en 2006

Le programme Avenir a pour objectif de «fournir aux jeunes chercheurs la possibilité de démontrer leur capacité à gérer de façon autonome un projet de recherche sur cinq ans avec une évaluation intermédiaire à trois ans.» Le temps du contrat et les conditions offertes au lauréat sont présentés comme lui permettant de s'assurer de son désir de poursuivre une carrière en recherche, en même temps que d'acquérir une solide expérience professionnelle.

Un suivi des premiers lauréats Avenir, recrutés entre 2001 et 2004, indique que la très grande majorité d'entre eux (36 sur 39) a trouvé un emploi statutaire : la forte sélectivité appliquée à l'entrée dans le programme permettant à l'Institut d'identifier les candidats vis-à-vis desquels il peut s'engager. On mentionnera aussi, la création par l'INSERM de **contrats d'interface internes**, consacrés à la gestion de projets scientifiques ou à la diffusion des connaissances. Il s'agit aussi de permettre de proposer de véritables parcours européens de carrière à des chercheurs INSERM, qui peuvent travailler à l'étranger grâce à un contrat passé avec un hôpital ou une université étrangère : ce dispositif, mis en place en 2006, a été salué par la Commission européenne, qui souhaite encourager cette approche d'échanges de chercheurs dans le cadre du prochain programme Marie-Curie.

L'INSERM a par ailleurs signé fin 2005 avec les NIH (*National Institutes of Health*) américains un accord de coopération pour **organiser la mobilité internationale de jeunes chercheurs et faciliter leur retour en France**. Christian Bréchot, directeur général de l'Institut, indique que le «principe» de ce programme INSERM-NIH «pourrait être étendu à des institutions européennes».

Il associe au financement de «postdoctorants» par les NIH «un suivi personnalisé des jeunes chercheurs sélectionnés à l'issue de leur thèse, ainsi qu'un engagement de l'INSERM à leur fournir un contrat chercheur junior à leur retour». Le directeur général de l'Institut note par ailleurs que «pour être pleinement efficace», ce type de parcours nécessite de développer «une réflexion commune avec l'Université». Il est question d'offrir aux jeunes thésards «un véritable parcours vers la titularisation (*tenure track* anglo-saxon)», en parallèle avec le programme Avenir et les contrats chercheurs juniors.

Toutefois, l'ensemble de ce dispositif aboutit à l'INSERM à un recrutement tardif au niveau de CR2 – entrée de carrière pour les jeunes chercheurs.

Répartition par tranches d'âge des chercheurs et des UITA, extrait du bilan social 2006

Tranches d'âges	DR	CR	Sous/total	IR
Moins de 25 ans				
25 à 29 ans		1	**1**	5
30 à 34 ans		164	**164**	10
35 à 39 ans	13	313	**326**	37
40 à 44 ans	89	272	**361**	39
45 à 49 ans	174	177	**351**	58
50 à 54 ans	164	138	**302**	54
55 à 59 ans	225	163	**388**	79
60 à 64 ans	170	98	**268**	41
65 ans et +	8	3	**11**	1
Total	**843**	**1 329**	**2 172**	**324**
Âge moyen	*53,68*	*45,21*	***48,5***	*50,41*

Évolution de l'âge moyen des candidats aux concours de CR, extrait du bilan social 2006

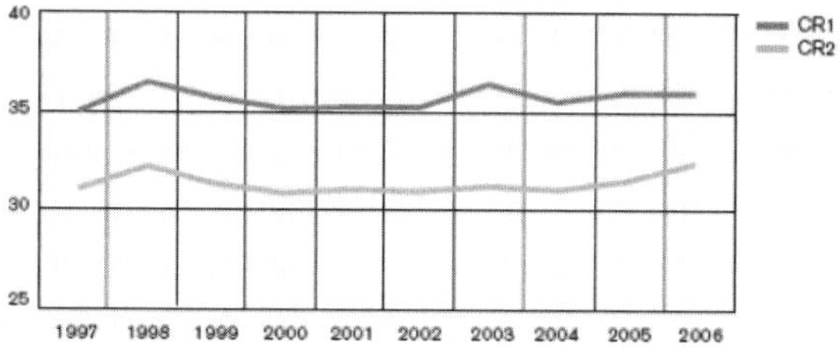

Jusqu'à l'année 2005, la limite d'âge pour l'accès au corps des CR2 était fixée à 30 ans (art. 15 du décret n°83-1260). Cependant, les candidats pouvaient bénéficier de certaines dérogations applicables dans la fonction publique.

En 2006, cette limite d'âge est supprimée (ordonnance n°2005-901 du 2 août 2005).

Pour davantage de données sur l'INSERM : *cf.* annexe du thème XI.

Les emplois de chercheurs contractuels offerts aux jeunes chercheurs

Au **niveau européen**, la recommandation de la Commission européenne du 11 mars 2005 indique que «les États membres s'efforcent de veiller à ce que les chercheurs bénéficient de la couverture adéquate en matière de sécurité sociale selon leur statut juridique.»

Un paragraphe de la Charte européenne du chercheur est consacré à la stabilité et continuité d'emploi et renvoie les employeurs et/ou bailleurs de fonds à l'application des principes fixés dans la directive de l'Union européenne concernant le travail à durée déterminée, qui restreint notamment l'utilisation des CDD successifs.

Enfin, le code de conduite pour le recrutement des chercheurs précise que les institutions qui nomment des chercheurs titulaires d'un doctorat devraient établir des règles pour le recrutement des chercheurs en postdoctorat, y compris la durée maximum de cette nomination. Ces orientations devraient tenir compte du temps passé dans de précédentes nominations postdoctorat dans d'autres institutions et du fait que le statut postdoctorat devrait être transitoire. Ces recommandations n'ont pas d'effet juridiquement contraignant mais un fort impact politique.

L'**ensemble des non-titulaires** recouvre des situations très diverses, notamment des profils dont la réalité est bien éloignée de la précarité, comme le cas des chercheurs étrangers en visite à caractère temporaire ou d'autres chercheurs accueillis grâce aux contrats «de haut niveau».

L'enjeu est une meilleure appréhension de ces populations, afin d'identifier celles sur lesquelles les efforts dans la lutte contre la précarité doivent porter, et d'améliorer les conditions de recrutement et de rémunération des non-titulaires. Un processus de résorption des libéralités, engagé en 2004, est en cours.

La **loi n° 2001-2 du 3 janvier 2001** relative à la résorption de l'emploi précaire dans la fonction publique et la **loi n° 2005-843** portant diverses mesures de transposition du droit communautaire à la fonction publique ont contribué à résorber la précarité, en ouvrant des concours réservés aux agents contractuels et en requalifiant des CDD en CDI.

La durée des contrats doit tenir compte de la durée des projets de recherche, des financements et de l'objectif de publication pour le jeune chercheur.

Plusieurs **pistes de réflexion** peuvent être lancées concernant les chercheurs contractuels :

- **Clarifier les situations contractuelles dans la recherche**, leur place dans les carrières de la recherche et les mesures adéquates pour les améliorer.

- **Adapter la durée du contrat de travail sur la réalisation d'un projet de recherche**. Cette solution est également préconisée par l'IGAENR qui signale que cela suppose une modification du Code du travail de niveau législatif. Il faudrait prévoir un nouveau type de contrat à durée déterminée à ajouter en 6° à l'article L. 122-1-1 ou une nouvelle exception à l'article L. 122-2 «pour une activité de recherche sur projet».

On notera cependant que la création d'un nouveau CDD dérogatoire de longue durée spécifique pour la recherche risque d'accentuer les attaques sur la précarisation de la recherche.

La Cour des comptes préconise «la mise en place de CDD de relativement longue durée (trois à cinq ans) assortis d'une rémunération incluant une reconnaissance de l'excellence et une compensation du caractère relativement précaire de l'emploi proposé.»

Les réglementations et pratiques en vigueur en France limitent la rémunération des agents contractuels soumis aux règles de gestion publique. Il importe de reconnaître la qualification professionnelle des chercheurs à travers une rémunération concurrentielle et de disposer de contrats compétitifs favorisant l'accueil de chercheurs de haut niveau. Il importe également de lutter contre l'utilisation abusive des contrats successifs fragilisant la situation de certains personnels de recherche.

• Certains vont jusqu'à s'interroger sur l'opportunité de compléter l'offre par des emplois de chercheurs à durée indéterminée dans les EPST comme dans l'université.

• **Valoriser l'expérience professionnelle acquise pendant la période contractuelle au moment de la titularisation.**

Au-delà, dès la réussite aux concours d'enseignement supérieur et de recherche, l'expérience professionnelle acquise au cours des périodes contractuelles doit pouvoir être mieux valorisée qu'elle ne l'est actuellement dans les modalités de reconstitution de carrière (périodes accomplies en qualité de chercheur contractuel dans le secteur public et privé).

Les décharges d'enseignement

Il n'existe pas de recensement général ou d'enquête statistique, ni des décharges de service attribuées dans le cadre de l'article 7, ni des mises en délégations et attributions de CRCT. C'est à travers les bilans et projets du contrat quadriennal qu'on peut saisir quelque chose de l'état des pratiques.

À cet égard, la tendance la plus nette est qu'un certain nombre d'établissements anticipent sur l'état du droit en proposant d'accorder des décharges de service d'enseignement à de jeunes maîtres de conférences encore stagiaires, soit pour leur permettre d'achever la préparation de leur HDR, soit pour leur permettre de participer à des travaux d'équipes de recherche.

Jusqu'à présent ces propositions ne pouvaient être retenues, mais la mise en œuvre des dispositions de la **loi n° 2007-1199 du 10 août 2007** relative aux libertés et responsabilités des universités conduira à revoir cette position.

Le fait de décharger les jeunes maîtres de conférences d'une partie de leurs activités d'enseignement permet de dessiner des profils de début de carrière, axés sur la recherche, bénéfiques à la fois aux intéressés (accélération du délai d'obtention de la HDR et prise en compte de l'activité recherche dans les procédures de qualification et d'avancement du CNU) et à l'institution qui bénéficie ainsi des effets d'une recherche innovante.

Il doit être articulé avec les impératifs pédagogiques de l'établissement, en termes de moyens, le temps dégagé pour la recherche venant en contradiction avec la nécessité de disposer de moyens horaires permettant la mise en place de petits groupes dans le cadre de réformes comme celle du LMD.

Ce nouvel article 19 de la loi n° 2007-1199 du 10 août 2007 permet d'ouvrir une réflexion, à mener dans le cadre de la négociation contractuelle, sur la définition du service des enseignants-chercheurs et l'évolution dans le temps des périodes consacrées prioritairement à la recherche et d'autres consacrées plus intensivement à l'enseignement.

Cet article fait référence aux autres missions pouvant être confiées aux personnels enseignants et de recherche. Il permettra d'élargir également la réflexion à la reconnaissance des activités d'enseignement effectuées à l'université par des personnels titulaires de la recherche rémunérés par ailleurs.

Actuellement principalement fondée sur des exigences de qualité et une demande d'expérience internationale, l'offre de carrières pour les jeunes chercheurs se présente, pour beaucoup, comme une période plus ou moins longue de contrats précaires, suivie ou non d'un recrutement. Suivant le statut du futur employeur, le régime du recrutement est celui des concours de la fonction publique (EPST-EPCSCP) ou celui du droit privé (EPIC). Ces emplois, même s'ils sont pérennes, sont encore des emplois de jeunes chercheurs débutants. En conformité avec la Charte européenne, qui recommande pour les jeunes chercheurs un statut qui apporte des garanties, le recrutement en CDI, rapidement après la thèse, apparaît comme une voie médiane.

Propositions des organisations représentatives

En ce qui concerne le recrutement en tant que tel

La **CFTC-INRA** s'inquiète de la possibilité offerte par la loi relative aux libertés et responsabilités des universités aux présidents d'université de recruter directement du personnel et demande à ce que cette possibilité soit réduite au maximum et exclut ainsi les missions habituelles des chercheurs et enseignants-chercheurs. L'organisation souhaite également que, dans les cas où les post-docs sont nécessaires (exemple : contrats ANR), ceux-ci soient limités à la recherche par projet, et non pas à de la recherche de long terme, qui doit naturellement revenir aux titulaires. Le **SGEN-CFDT** recommande également un encadrement strict des possibilités de recrutement par les présidents d'université et appelle à des décrets d'application de la loi relative aux libertés et responsabilités des universités aussi détaillés que possible.

De plus, le **SGEN-CFDT** demande à ce que le recrutement de chercheurs soit maintenu au niveau CR1 dans les EPST.

Pour le **SNTRS-CGT**, le recrutement de jeunes chercheurs doit se faire sur la base de deux CR2 pour un CR1. De plus, pour répondre aux besoins de renouvellement, le recrutement de nouveaux chercheurs devrait être porté à 5 % des effectifs totaux de chercheurs pendant les cinq prochaines années.

SUD-Recherche-EPST réaffirme son attachement au statut de fonctionnaire des EPST, avec ses dispositions communes et ses déclinaisons par EPST et s'oppose à la mise en place d'un «statut bis sous forme de CDI». De plus, le recrutement sur CDD devrait se voir limité au remplacement de titulaires absents pour cause de maladie, congé parental, etc. Enfin, le syndicat affirme son opposition, en règle générale, au recours aux CDD de chercheurs, aussi bien pour les post-docs que pour les chercheurs associés : le développement de ces formules irait à l'encontre du recrutement de chargés de recherche (concurrence en termes de moyens consacrés à chaque formule).

Avec la **CGT-INRA** et le **SNESUP-FSU**, **Sup'Recherche-UNSA** s'oppose à l'idée que l'on puisse demander quelque stage postdoctoral que ce soit au jeune chercheur comme préalable au recrutement. S'il doit s'avérer malgré tout indispensable, il ne devrait avoir lieu qu'après le recrutement sur poste de titulaire.

Afin de rendre les carrières dans la recherche publique plus attractives, le **MEDEF** suggère de :

- constituer des pôles de gestion des ressources humaines en support aux responsables des universités et centres de recherche publics et en conseil et assistance aux chercheurs et enseignants;

- capitaliser sur des dispositifs innovants comme les «membres juniors» de l'Institut universitaire de France (IUF) ou les «bourses Descartes».

Le **CEA** suggère notamment de tarifer le statut des postdoctorants dans le droit du travail.

Le plan pluriannuel de recrutement

Parmi les syndicats et organisations favorables à une telle mesure, on trouve notamment l'**UNEF**, **SLR**, le **SNCS-FSU**, le **SGEN-CFDT**, **SUD-Recherche-EPST**, le **SNTRS-CGT**, le **SNIRS (CFE-CGC)** et le **SNESUP-FSU**.

L'**UNEF** souhaite le recrutement de 2000 enseignants-chercheurs par an sur cinq ans.

Le **SNCS-FSU** demande 5000 postes supplémentaires par an pour l'enseignement supérieur et la recherche.

Le **SNESUP-FSU** a lancé le projet, en mai 2006, d'un «plan pluriannuel pour l'enseignement supérieur et la recherche» lors d'un congrès d'études à Dunkerque. À ce titre, et parmi d'autres revendications portant notamment sur les locaux, le matériel, etc., le syndicat demande la création de 3000 postes d'enseignants-chercheurs par an ainsi que la création de 2 000 emplois IATOSS (dans les premières années).

Pour le **SNTRS-CGT**, «pour répondre aux besoins de renouvellement et de développement des laboratoires, le recrutement de nouveaux chercheurs devrait être porté, par an, à 5 % des effectifs totaux de chercheurs pendant les cinq prochaines années.»

SUD-Recherche-EPST souhaite que le plan pluriannuel de recrutement intègre les objectifs suivants : un recrutement des jeunes chercheurs au plus près de la thèse, un équilibre entre accroissement des emplois scientifiques et des emplois techniques, une résorption de la précarité existante dans toutes les catégories, un déblocage des carrières et une reconnaissance des qualifications.

En ce qui concerne un plan pluriannuel de recrutement, **SLR** y est également favorable. L'organisation préconise les orientations suivantes :
- 2200 emplois d'enseignants-chercheurs, dont la moitié pour suivre l'évolution des effectifs étudiants, l'autre moitié pour diminuer le temps de service;
- 500 postes d'accueil dans les organismes de recherche;
- 300 postes de chercheurs EPST/ingénieurs EPIC;
- 5000 monitorats;
- 100 contrats de chercheurs associés;
- 500 contrats réservés à l'accueil de chercheurs venant de l'étranger;
- 1000 IATOS et 500 ITA.

Il doit s'agir de création de postes : ces emplois s'ajoutent donc au remplacement de tous les départs à la retraite ou aux fins de contrat.

Le **SNPREES-FO** s'affirme en faveur d'une «création massive de postes» pour la recherche comme pour l'enseignement.

L'expérience de l'INSERM

L'**UNI**, lors de l'ouverture du chantier, s'est prononcée en faveur de ce qui pouvait faciliter les «allers-retours», en citant l'exemple de l'INSERM. Seule la CJC s'est déclarée contre le dispositif.

La mise en place d'un dispositif de suivi du parcours postdoctoral

La **CFTC-INRA** demande au ministère de la Recherche de se saisir de la mission d'analyse du devenir des jeunes chercheurs puisque celle-ci est «mal ou peu remplie par les universités, les établissements ou les écoles doctorales», au bénéfice des grandes écoles qui s'en servent comme instrument de sélection et de promotion.

Pour **SLR** (conclusions des États généraux de la recherche), «des dispositifs de suivi et d'accompagnement de tous les personnels de la recherche doivent être mis en place pour faciliter leurs parcours professionnels. Ils permettront d'encourager la mobilité des personnels de toutes catégories.» SLR souhaite notamment l'instauration de contrats postdoctoraux de deux ans (ne devant pas se transformer en passage obligé avant recrutement), éventuellement extensibles, afin de permettre aux jeunes chercheurs de mieux préparer les concours, de trouver un emploi dans le secteur privé, etc.

Le **SCENRAC-CFTC** souhaite la création, pour les jeunes chercheurs à l'issue de leur formation, d'un crédit qui leur soit affecté personnellement afin qu'ils puissent assister à des colloques, réunions, etc. leur permettant de rencontrer d'autres chercheurs et de se tenir au courant des évolutions de la recherche avec l'objectif final de leur permettre de trouver un emploi. Sur le même principe, une aide aux séjours à l'étranger (y compris pour partir en famille) devrait être instaurée pour les jeunes chercheurs. Enfin, le syndicat propose l'instauration d'un statut du jeune chercheur afin de sécuriser le parcours menant à l'emploi stable avec un certain nombre de propositions connexes (dispositif pour l'insertion, postes plus nombreux, volet retraite, revalorisation de la grille de salaires).

Dans le même esprit et surtout pour permettre aux jeunes chercheurs d'«avoir la possibilité matérielle de se présenter au moins deux fois à un concours des EPST ou des universités», la **CGT-INRA** propose un contrat de travail spécifique d'«élève chercheur» de trois ans dès la fin de la thèse. Elle propose notamment de s'inspirer du système des ASC (attaché scientifique contractuel) mis en place par l'INRA. Le **SNTRS-CGT** est sur la même ligne en proposant que soit instauré un «financement public» deux à trois ans après la thèse afin de permettre aux jeunes chercheurs de passer les concours, etc.

D'autres organismes interviennent sur cette question

L'**ANDèS** souhaite la création d'un dispositif d'accompagnement des individus tout au long de leur carrière.

La **CPU** souhaite un suivi de l'insertion professionnelle des diplômés, effectué par les écoles doctorales.

Enfin, l'**IGAENR** intervient sur la question d'un dispositif de soutien aux jeunes chercheurs *via* l'une de ses recommandations : «Créer, auprès du ministre chargé de l'enseignement supérieur et de la recherche, une **Mission nationale des carrières scientifiques et techniques**, à laquelle sera confiée l'élaboration d'un schéma directeur relatif à la gestion prévisionnelle à moyen terme des emplois scientifiques et techniques. Il reposera sur un recensement des besoins par domaine disciplinaire et par localisation territoriale et sur le nouveau cadre budgétaire introduit par la loi organique sur les lois de finances. Ce schéma directeur privilégiera une approche intégrée des carrières et des métiers de la recherche [...]. Il inclura l'examen des conditions de développement de l'attractivité nationale et internationale des offres de formation à ou par la recherche et des offres de R & D sur projet, ainsi que des modes d'incitation à la mobilité géographique et fonctionnelle des personnels concernés. La mission apportera sa contribution, de concert avec les services chargés de la politique communautaire, aux initiatives entreprises dans le cadre de l'Union, en vue de l'élaboration d'une charte européenne des chercheurs. Elle assurera la maîtrise d'ouvrage visant la mise en place d'un système d'information pertinent sur les flux migratoires internationaux de nos ressortissants, doctorants et postdoctorants, enseignants-chercheurs, chercheurs et ingénieurs.»

Le développement d'incitations à la mobilité

La **CFTC-INRA** s'affirme en faveur d'un «droit à la mobilité» qui permettrait au jeune chercheur de compléter sa formation à l'étranger, en post-doc, plutôt que de se faire recruter localement, ce qui «restreint les possibilités de mobilité géographique comme thématique».

SUD-Recherche-EPST est en faveur de la mobilité, en insistant sur le fait que «le droit à la mobilité est une conquête du statut de fonctionnaire, les directions des ressources humaines et les CAP doivent faire en sorte que les mobilités soient le plus largement favorisées. Dans le cadre de la LOLF, il est possible de faire en sorte que l'arrivée d'un fonctionnaire d'un autre EPST ne soit pas faite au détriment des possibilités d'avancement dans le corps d'accueil. Nous demandons donc que cela soit appliqué.» Si l'organisation est en faveur du fait qu'un jeune chercheur puisse effectuer un séjour dans un laboratoire étranger, elle souligne que cela peut (et devrait) être envisagé seulement après son recrutement.

Le **SGEN-CFDT** appelle à «une plus grande mobilité des personnels de la recherche et d'enseignement supérieur» en accroissant les possibilités d'échange entre personnels des différents établissements, notamment en établissant des passerelles efficaces entre eux.

Dans ses propositions, le **SCENRAC-CFTC** défend l'idée de postes plus nombreux «offerts à la mobilité des enseignants-chercheurs titulaires». L'organisation dénonce un système de recrutement trop localisé qui

« empêche l'entrée de nouveaux docteurs venant d'une autre université ou d'un autre institut, avec des critères qui manquent de visibilité et ont souvent pour corollaire un long éloignement familial ». Afin de pallier à cette situation, le SCENRAC-CFTC « souhaiterait qu'il soit possible de s'affranchir des barrières administratives de chacune des universités ainsi que des instituts, afin que si l'enseignant-chercheur ou le chercheur le souhaite, il puisse changer de thématique, de département ou de laboratoire sous réserve de l'avis favorable de l'entité d'accueil. »

En ce qui concerne les postdoctorats, la **FNSAESR-CSEN** demande à ce que l'État passe des « accords internationaux de réciprocité pour des contingents de postes à répartir dans les laboratoires ou équipes les plus performants » afin que les jeunes chercheurs puissent enrichir leur expérience par une confrontation internationale. L'organisation plaide également pour l'encouragement de la mobilité entre établissements français lors du recrutement (« liberté de choix de leur centre de recherche »).

Lors de l'ouverture du chantier « Jeunes chercheurs », l'**UNI** affirmait par la voix de ses représentants : « La mobilité géographique doit aussi être une mobilité dans une autre université française. Le doctorat fonctionne très bien à l'étranger, c'est le début de carrière dans la recherche, le moment le plus fertile. »

Également lors de l'ouverture du chantier, le **MEDEF** a exprimé son souhait de voir assurée « la mobilité dans toutes ses dimensions, y compris le changement de discipline. »

L'**UNEF** se penche sur la question de la mobilité à travers le prisme du recrutement des enseignants, avec la volonté de mettre fin à une certaine forme de « localisme » : « La loi sur les universités réforme le recrutement des enseignants-chercheurs et remplace les commissions de spécialistes par des commissions de recrutement. Si le fonctionnement des commissions de spécialistes était loin d'être satisfaisant, notamment en terme de localisme, les dispositions sur les commissions de sélection peuvent aggraver la situation de part le rôle prédominant qui sera joué par le président de l'université. Il convient donc de pallier ces travers de plusieurs façons. Tout d'abord, en réglementant les modalités de fonctionnement des commissions par un décret garantissant : la motivation de la décision, la transparence des débats, le droit à un recours... Puis en déterminant les critères objectifs de recrutement : qualité de la recherche mais aussi de l'investissement et de la pratique pédagogique. Le syndicat souhaite également que soit rendu obligatoire le recrutement de 50 % d'enseignants issus d'autres universités. Enfin, il s'agit d'instituer la présence dans toutes les commissions de sélection d'enseignants issus d'autres disciplines et ayant une forte implication pédagogique. »

Le **MEDEF** plaide pour l'identification, en premier lieu, dans les statuts et dans le Code du travail et de la Sécurité sociale, des points « rendant la mobilité plus difficile ou contraignante pour les chercheurs entre la France et l'international ou entre le secteur public et les entreprises, et dans le changement d'activité (recherche, enseignement, management, création d'entreprise...)».

Au titre des organisations partenaires de la recherche en France, le **CEA** préconise de faire évoluer la façon dont les chercheurs issus du privé peuvent aller vers la fonction publique.

Les décharges d'enseignement

L'**UNEF** dénonce le fait que la norme actuelle, à savoir «celle d'une répartition égale entre temps de recherche et temps d'enseignement, ne tient pas compte des autres tâches effectuées par les enseignants-chercheurs : tâches administratives, encadrement d'une équipe...». De plus, le syndicat pointe du doigt le fait que la répartition entre enseignement et recherche ne soit pas la même pour tous. Des disparités existent, notamment entre disciplines universitaires (apparition de nouvelles activités pédagogiques). Enfin, l'UNEF demande à ce que soit revue la répartition des obligations statutaires d'enseignement entre CM, TD et TP : puisqu'un TD exige bien souvent plus de travail qu'un CM, il doit être rémunéré à la même hauteur. Il s'agit de valoriser l'investissement pédagogique.

Le **SNCS-FSU** précise que les enseignants-chercheurs ont «besoin de consacrer plus de temps à la recherche : mi-service pour les nouveaux maîtres de conférences et les ATER (attaché temporaire d'enseignement et de recherche), 150 heures de présence devant les étudiants, années sabbatiques, accroissement de l'accueil dans les organismes...»[1]

SLR est favorable aux décharges d'enseignement pour les jeunes maîtres de conférences (réduction de moitié durant les trois premières années) et, afin de rendre le doctorat attractif, à la réduction du service d'enseignement des ATER doctorants à un tiers de service avec un salaire à taux plein. Pour les enseignants-chercheurs, le collectif demande la généralisation des années sabbatiques et des actions de réduction significative du service pédagogique. Ceux souhaitant une augmentation de leur service d'enseignement devraient pouvoir voir ce souhait exaucé également.

Le **SNTRS-CGT** aborde la question des décharges d'enseignement, non pas pour les maîtres de conférences/jeunes chercheurs, mais *via* la «participation des chercheurs à la formation» (à temps partiel et avec rémunération) qui, selon le syndicat, doit rester secondaire par rapport à la recherche et doit s'effectuer sur la base du volontariat. Ils

1. Source : congrès 2007.

interviennent alors dans le cadre des enseignements de master et de doctorat en tant que spécialistes.

Pour le **SNPREES-FO**, «les chercheurs n'ont pas à enseigner». Leur contribution à l'enseignement doit donc se faire sur la base du volontariat. En ce qui concerne les jeunes maîtres de conférences, leurs services doivent être allégés mais cela ne saurait se matérialiser par un transfert des charges d'enseignements vers les enseignants-chercheurs ou chercheurs plus âgés.

Le **SCENRAC-CFTC** constate que, outre ses missions d'enseignement et de recherche, l'enseignant-chercheur est également amené à exercer, par voie de détachement, des activités à caractère administratif et technique. Or, le rapport entre ces trois missions (deux officielles et une par délégation) varie en fonction des années et des personnes concernées. Le syndicat souhaiterait que, dans le cas où l'enseignant-chercheur désire se consacrer pleinement à l'une de ces activités, il puisse le faire en étant placé en position de délégation (repositionnement sur l'activité privilégiée). La modulation des charges de l'enseignement doit, en tout cas, se faire sur la base du volontariat et en accord avec le projet défini en conseil d'administration avec le président de l'université.

Si la **FNSAESR-CSEN** est favorable aux décharges d'enseignement (charges administratives seulement) pour les maîtres de conférences, elle rend la question indissociable de la question des ATER. Elle préconise d'augmenter le nombre d'ATER en prévoyant un allégement des obligations d'enseignement pour trois ans, en contrepartie d'un engagement à faire une thèse dans le même laps de temps.

Sup'Recherche-UNSA demande un service allégé pour les enseignants-chercheurs débutants.

Le **SNIRS (CFE-CGC)** est favorable à une réduction des charges d'enseignement pour les jeunes maîtres de conférences, et même pour certains professeurs, afin de leur permettre de mener à bien leurs activités de recherche.

Le **SGEN-CFDT** est favorable aux décharges d'enseignement pour les enseignants-chercheurs débutants.

Le **SNESUP-FSU** souhaite que la charge d'enseignement des ATER soit ramenée à un demi-service d'enseignement d'un enseignant-chercheur (sachant que l'organisation demande à ce que celui-ci passe de 192 à 150 heures/TD). L'allégement de charge devrait également concerner les enseignants-chercheurs récemment recrutés (trois premières années), et notamment en ce qui concerne les charges administratives.

L'**UNI** et le **SGEN-CFDT** sont favorables à l'idée de décharges d'enseignement.

La **CGPME** est en faveur d'un maintien de l'obligation d'enseignement.

Enfin, l'**IGAENR** intervient sur la question des décharges d'enseignement *via* l'une de ses recommandations : «Envisager d'accorder des décharges partielles de service d'enseignement à des jeunes maîtres de conférences, lorsqu'ils ont en cours un projet de recherche qui a reçu l'agrément de l'établissement.»

Outre un appel très soutenu à l'instauration de plans de recrutement pluriannuel afin de stabiliser les carrières, une importante proportion des organisations représentatives plaide pour davantage de dispositifs d'incitation à la mobilité géographique. L'instauration d'un suivi du parcours des docteurs est également une proposition recueillant l'aval de plusieurs organisations représentatives, certaines demandant à ce que cela soit prolongé pour devenir un accompagnement tout au long de la carrière des docteurs. En ce qui concerne les décharges d'enseignement, un consensus semble pouvoir se dégager sur l'introduction d'une certaine flexibilité dans le système actuel. Les activités administratives/techniques des enseignants-chercheurs prenant de plus en plus de temps (en fonction des disciplines et des personnes), une réorganisation de la charge d'enseignement est demandée par un certain nombre de syndicats. La possibilité d'accorder des décharges partielles en fonction des situations individuelles, telle que recommandée par l'IGAENR, apparaît comme une piste intéressante.

Recommandations XI du Conseil

• À partir du bilan des expérimentations effectuées dans plusieurs organismes de recherche, le Conseil souhaite le lancement d'une réflexion approfondie avec tous les acteurs concernés sur la période postdoctorale, qui prend trop souvent la forme d'enchaînements de CDD de courte durée générateurs de précarité. Cette réflexion doit aboutir à la mise en place d'une période de transition, constituant un marchepied vers un poste permanent et un moyen de faciliter la mobilité entre établissements et vers les entreprises, ainsi que l'attractivité de candidats étrangers, qui réponde aux caractéristiques suivantes :

- cohérence du projet scientifique;
- ouverture sous des formes diverses vers d'autres univers de recherche : postdoctorat à l'étranger, stage en entreprise;
- financement possible par utilisation combinée des subventions pour charge de service public et par les ressources propres des établissements;
- mise en place d'un suivi spécifique : entretiens, informations, **tutorat;**
- statut de salarié à durée déterminée (trois à cinq ans).

Le recrutement soit dans les carrières du public, soit dans les entreprises, en France ou ailleurs, peut se faire à tout moment au cours de cette période.

• Le Conseil appuie la recommandation de l'Inspection générale de l'administration de l'Éducation nationale et de la Recherche selon laquelle il conviendrait de « renforcer l'attractivité des carrières de la recherche en France en s'appuyant sur les meilleurs exemples européens (notamment la Finlande) et en orientant la gestion des ressources humaines en direction d'une plus grande attention portée aux différentes étapes des parcours professionnels, à leur durée (âge d'entrée dans la carrière, accélération des carrières pour les meilleurs), à l'insertion professionnelle des agents concernés et à l'intégration, dans la base de rémunération des différents corps de personnels, d'éléments prenant en compte leur mérite et/ou la nature des fonctions exercées. »

• Afin de donner davantage de visibilité aux perspectives de l'emploi scientifique dans les années à venir au sein des établissements publics de recherche et d'enseignement supérieur, un plan de recrutement pluriannuel de l'emploi scientifique doit être adopté dès cette année et pour les cinq prochaines années en se fondant sur une prospective d'évolution des programmes faite par les établissements. Un tel plan devra particulièrement veiller à répondre aux engagements de la France vis-à-vis de ses partenaires européens dans le cadre de la stratégie de Lisbonne.

• Les expériences de mobilité géographique, notamment dans le cadre de l'Espace européen de la recherche, doivent être valorisées, en particulier en ce qui concerne le déroulement de carrière et le recrutement.

THÈME XII

La revalorisation des grilles en contexte concurrentiel

État du droit

Il s'agit d'aborder la question de la rémunération des enseignants-chercheurs et des chercheurs avant de faire le point sur les éléments juridiques entourant les débuts de carrière et le reclassement.

Les enseignants-chercheurs

Les enseignants-chercheurs sont régis par le **décret nº 84-431 du 6 juin 1984**. Ils sont répartis entre deux corps, classés en catégorie A :

– le corps des professeurs des universités qui comprend trois classes : la deuxième classe comprend six échelons, la première classe trois échelons et la classe exceptionnelle deux échelons ;

– le corps des maîtres de conférences qui comporte deux classes : la classe normale comprend sept échelons, la hors classe cinq échelons.

L'avancement d'échelon dans les corps d'enseignants-chercheurs a lieu exclusivement à l'ancienneté (pas de réductions d'échelon). L'avancement de classe a lieu au choix et relève du Conseil national des universités ou du conseil d'administration de l'université.

La rémunération des enseignants-chercheurs, comme celle des autres fonctionnaires de l'État, est constituée par le traitement, l'indemnité de résidence, le supplément familial de traitement ainsi que les primes et indemnités (article 20 de la **loi du 13 juillet 1983** portant droits et obligations des fonctionnaires).

Le montant du traitement des enseignants-chercheurs est fixé en fonction du grade et de l'échelon (auquel est associé un indice brut) de l'intéressé. L'échelonnement indiciaire de ces personnels est quant à lui fixé par un **arrêté du 7 mars 1985**.

Le recrutement des enseignants-chercheurs s'effectue comme pour tous les agents de la fonction publique dans le premier échelon du premier grade de son corps. Les enseignants-chercheurs peuvent être classés à un échelon supérieur compte tenu notamment de l'expérience professionnelle antérieure dans les conditions fixées par le **décret n° 85-465 du 25 avril 1985** (classement dans les corps d'enseignants-chercheurs).

La rémunération brute moyenne d'un enseignant-chercheur évolue en fonction de son ancienneté dans le corps auquel il appartient.

Situation (aucune reprise d'ancienneté)	**Rémunération brute mensuelle**
Maîtres de conférences	
Stagiaire	2058,56 €
Après 2 ans de carrière	2317,01 €
Après 10 ans de carrière	2824,85 €
Après 20 ans de carrière	3550,33 €
Après 30 ans de carrière	4366,50 €
Professeurs des universités	
Début de carrière	2983,55 €
Après 2 ans de carrière	3328,15 €
Après 10 ans de carrière	3994,69 €
Après 20 ans de carrière	5277,89 €

Source : DGRH.

À cette rémunération s'ajoutent des primes :
- une **prime de recherche et d'enseignement supérieur** qui est attribuée à tous les enseignants-chercheurs en activité dans un établissement d'enseignement supérieur. Elle s'élevait à 1209,48 euros annuels pour l'année universitaire 2006-2007 ;
- une **prime d'encadrement doctoral et de recherche** accordée sur décision ministérielle, sur l'avis d'un groupe d'experts, si le candidat s'engage à mener pendant quatre ans une activité particulière en matière de formation à la recherche et par la recherche. Le montant annuel en 2006-2007 s'élève à 3454,49 euros pour un maître de conférences, 4990,26 euros pour un professeur des universités de deuxième classe, 6525,86 euros pour un professeur des universités de première classe et de classe exceptionnelle ;
- une **prime de charges administratives ou d'administration** si l'enseignant-chercheur exerce des fonctions administratives au sein de l'établissement. Son montant est variable selon la nature des fonctions exercées. Par exemple, le montant annuel de la prime d'administration est de 17892,63 euros pour les présidents d'université et de 7125,60 euros pour les directeurs d'instituts ou d'écoles internes aux universités ;
- une **prime de responsabilités pédagogiques** si l'enseignant-chercheur exerce des fonctions pédagogiques spécifiques. Le montant annuel de cette prime varie de 474,48 euros à 3795,84 euros.

Les chercheurs

Le corps des chargés de recherche comporte deux classes («grades») :
- une deuxième classe qui comprend six échelons;
- une première classe qui comprend neuf échelons.

Le corps des directeurs de recherche compte trois classes :
- une seconde classe qui comprend six échelons;
- une première classe qui comprend trois échelons;
- une classe exceptionnelle qui comprend deux échelons.

Les chargés de recherche et directeurs de recherche qui réunissent dans leur grade les conditions d'ancienneté d'échelon peuvent bénéficier d'un avancement d'échelon. Les avancements d'échelon sont décidés par le directeur général de l'établissement.

La rémunération mensuelle est composée d'un traitement de base auquel s'ajoutent diverses indemnités.

	Traitement mensuel brut (au 1er février 2007) **hors primes et indemnités**
Chargé de recherche	
Début de la grille indiciaire	2058€
Début de carrière habituel	2348€
Dernier échelon de la deuxième classe	2557€
Dernier échelon de la première classe	3722€
Directeur de recherche	
Début de la grille indiciaire	2983€
Dernier échelon de la deuxième classe	4366€
Dernier échelon de la première classe	5277€
Dernier échelon de la classe exceptionnelle	5985€

Source : MESR.

Le traitement évolue au cours de la carrière par le jeu du passage d'une classe à une autre, chaque classe comprenant des échelons. Le passage d'une classe à l'autre a lieu exclusivement au choix. Ils sont décidés, chaque année, par le directeur général de l'établissement, après avis des instances d'évaluation.

Pour consulter les échelonnements indiciaires et fiches de rémunérations des chargés de recherche, des maîtres de conférences, des directeurs de recherche et des professeurs des universités : *cf.* annexe du thème XII.

Les débuts de carrière et le reclassement

Le **décret du 26 avril 1985** relatif aux reclassements dans les corps d'enseignants-chercheurs et personnels assimilés précise les conditions de prise en compte de l'expérience antérieure pour le classement dans le corps. Il distingue la situation des fonctionnaires, et celle des auxiliaires de celle des personnes ayant travaillé dans une structure de droit privé. Il traite de la situation des chercheurs dans ses articles 4, 5 et 6. À ce titre il prévoit la reprise des services d'ATER dans leur totalité, tandis que pour les moniteurs et les allocataires de recherche, il prévoit une prise en compte partielle de leurs services; cette quotité dépend du temps d'exercice de la fonction considérée.

Éléments de problématique

Le thème de la revalorisation des salaires touche de manière directe celui relatif à la reconnaissance des premières expériences professionnelles ainsi que celle de la concurrence internationale.

La reconnaissance des premières expériences professionnelles

Il s'agit d'améliorer les débuts de carrière des jeunes chercheurs, et particulièrement des jeunes maîtres de conférences en rendant attractif l'accès à ce corps. Un point particulier concerne le niveau de rémunération lors de l'accès à ce corps et le **faible différentiel actuel entre les salaires de début de carrière des jeunes maîtres de conférences et les émoluments perçus par ceux des jeunes chercheurs qui cumulent allocations de recherche et fonctions de moniteurs**.

L'évolution de la réglementation rendue nécessaire par la loi sur la recherche, la loi sur les libertés et responsabilités des universités et les conclusions à venir des groupes de travail pourra porter sur plusieurs registres parmi lesquels il faut citer la définition des obligations de service et l'allégement de la charge d'enseignement en début de carrière, et la redéfinition des durées à accomplir dans les échelons de début de carrière.

La concurrence internationale

La mobilité internationale des chercheurs apparaît aujourd'hui, de plus en plus, comme un instrument destiné à équilibrer les marchés nationaux du travail. Elle favorise la circulation des savoirs et permet de mieux répondre à la demande de compétences.

La période actuelle est marquée tant par une accélération que par une modification profonde des conditions de cette mobilité :
- émergence de centres de recherche constituant des pôles de référence au niveau mondial;
- fort développement d'un marché international du travail;

– rôle des entreprises qui entretiennent et accélèrent cette mobilité internationale en exploitant au mieux les compétences disponibles à l'échelle mondiale.

L'absence de données nationales et internationales comparables sur la migration des chercheurs rend difficile l'appréciation objective du phénomène communément désigné par l'expression « fuite des cerveaux ».

Pour autant, on constate une augmentation de l'immigration de travailleurs qualifiés. Ainsi, en termes absolus, **les États-Unis sont le premier pôle d'attraction pour les travailleurs qualifiés étrangers** ; 40 % des résidents nés à l'étranger y ont un niveau d'éducation tertiaire. De même, 32 % des étudiants des pays de l'OCDE expatriés résident aux États-Unis.

En termes de **mobilité entrante**, les chercheurs étrangers représentaient 6,7 % des chercheurs dans le secteur public en France en 2001, alors qu'ils représentaient 5,3 % des chercheurs du secteur privé.

En termes de **mobilité sortante**, les données de l'OCDE sur l'immigration par niveau de qualification permettent d'estimer à **16 000 le nombre de personnes nées en France disposant d'un diplôme de doctorat et résidant à l'étranger**. Parmi celles-ci, près de 50 % résidaient aux États-Unis. Toutefois, ces données ne reflètent que partiellement la mobilité réelle, car certains pays, tels le Royaume-Uni, l'Allemagne, le Japon et l'Italie, ne sont pas inclus dans l'étude. Par ailleurs, sur les quelque 10 000 nouveaux docteurs diplômés en France chaque année, environ un tiers effectue une période postdoctorale, dont la durée moyenne peut être estimée à trois ou quatre ans. Pour 70 % d'entre eux, cette période se déroule à l'étranger, essentiellement aux États-Unis et dans les pays de l'Union européenne. Les disciplines les plus concernées sont les sciences du vivant, suivies de la chimie.

Différents gouvernements ont mis en place des mesures destinées à s'attaquer aux causes de la « fuite des cerveaux ». Les mesures d'attractivité – tant pour les nationaux expatriés que pour les talents étrangers – consistent à développer des pôles d'excellence pour la recherche, et à créer un climat favorable au développement de l'innovation et à la création d'entreprises technologiques.

La concurrence sur le marché international du chercheur s'exprime aussi en termes de **rémunérations**.

En **Europe** en 2006, la Commission européenne a lancé une enquête auprès des chercheurs pour évaluer le montant des rémunérations dans les différents pays : « *Study on the remunerations of researchers in the public and private commercial sectors* ». Cette étude s'est appuyée sur une enquête directe auprès de la communauté scientifique (questionnaires) puis a fait l'objet de corrections pour tenir compte du niveau de vie (indices des prix, pouvoirs d'achats, etc.) dans les différents pays.

La moyenne européenne en fonction de l'expérience en recherche est la suivante (salaires et charges) :
- de 0 à 4 ans d'expérience : 19648 euros par an;
- de 5 à 7 ans d'expérience : 27627 euros par an;
- de 8 à 10 ans d'expérience : 35728 euros par an;
- de 11 à 15 ans d'expérience : 44018 euros par an;
- plus de 15 ans d'expérience : 52599 euros par an

Même si cette étude est fondée sur des questionnaires et qu'il peut y avoir des réponses erronées, elle permet d'avoir une première estimation du niveau des salaires en Europe. Ainsi :
- les doctorants et «post-docs» semblent mieux rémunérés dans les pays suivants : Norvège, Danemark, Islande, Suisse, Luxembourg, Autriche...
- les chercheurs «seniors» semblent mieux rémunérés dans les pays suivants : Suisse, Irlande, Pays-Bas, Autriche, Suède, Royaume-Uni...

La France a généralement des niveaux de rémunération légèrement inférieurs à ceux des pays de tête, mais largement supérieurs à la moyenne européenne (40 % à 50 % de plus). [1]

Cette étude ne tient pas compte d'autres éléments liés ou complémentaires à la rémunération et qui peuvent jouer un rôle dans l'attractivité des carrières en recherche : stabilité de l'emploi (statuts), prélèvements sociaux (salaire net), système de Sécurité sociale, environnement de travail (moyens des laboratoires d'accueil), etc.

Pour un éclairage complet, il est nécessaire de s'intéresser aussi à ce qui se passe dans le **reste du monde**.

Salaire annuel médian de base des employés titulaires d'un doctorat (en dollars PPA courrants)

		Employés en tant que chercheur						Non employés en tant que chercheur (1)
		Total	Secteur d'activité				*dont emplois post-doctoraux*	
			Secteur des entreprises	Secteur de l'État	Secteur de l'Enseignement supérieur	Secteur des institutions sans but lucratif		
Canada (2001)	Total	53199	49302	53878	54679			51244
	Hommes	57222	54727	57093	58129			54936
	Femmes	45668	40950	46739	48300			43523
Portugal (2) (2004)	Total							
	Hommes	39437	39437	38411	39437	39437	*29577*	39437
	Femmes	38194	33205	37465	38451	29577	*29479*	37277
États-Unis (2003)	Total							
	Hommes	75000	95000	85000	65000	60000	*36000*	85000
	Femmes	55000	71000	65000	53000	50000	*38500*	63000

(1) Les données font référence au total employé dans la recherche et dans les autres secteurs au Canada.
(2) Salaires des titulaires de doctorat ayant obtenu leur diplôme entre 2000 et 2004.
Source : Première collecte de données OCDE/ Eurostat/Institut de statistique de l'Unesco sur les carrières des titulaires de doctorat.

1. Source : Clora, P. Level et S. Aymard.

Bien que les données reproduites dans le tableau ci-dessus ne fassent pas référence à la même année, les différences de salaire entre le Canada et les États-Unis ne peuvent pas être uniquement attribuées à ce décalage, et les salaires des titulaires de doctorat aux États-Unis sont par conséquent beaucoup plus élevés qu'au Canada. L'enquête sur les salaires en sciences de la vie réalisée par *The Scientist* confirme que les écarts de salaire entre ces deux pays sont plus importants aux échelons supérieurs qu'aux échelons inférieurs des postes de chercheurs dans cette discipline.

Les salaires médians des scientifiques en sciences de la vie en 2003
(en dollars PPA courants)

Canada		Royaume-Uni		États-Unis	
Directeur de recherche	84677	Professeur d'université	81270	Chercheur de renom	126000
Chercheur confirmé	49597	Chercheur confirmé	45190	Chercheur confirmé	76350
Chercheur niveau intermédiaire	37097	Chercheur niveau intermédiaire	35224	Chercheur niveau intermédiaire	36366
Post-doctorat	30645	Post-doctorat	37337	Post-doctorat	35000

Source : Calculs de l'OCDE d'après des données issues de « *The Scientist 2003 Salary Survey* ».

Aux États-Unis, mais pas au Canada, les titulaires de doctorat qui exercent la profession de chercheur sont moins bien payés que leurs homologues qui n'ont pas choisi cette voie. Aux États-Unis toujours, le secteur des entreprises offre aux chercheurs des salaires plus élevés que le secteur public et c'est dans le secteur de l'enseignement supérieur que les chercheurs sont le moins bien payés.

Au Canada, le classement des niveaux de salaire par secteur est inversé : les chercheurs sont mieux payés dans l'enseignement supérieur que dans le secteur public et ils sont moins bien payés dans le secteur des entreprises, même si les écarts de salaire entre secteurs dans ce pays sont moins prononcés qu'aux États-Unis.

Les femmes sont moins bien payées que les hommes et en ce qui concerne les postes de chercheurs, l'écart est plus grand aux États-Unis (-27 %) qu'au Canada (-20 %). Les différences sont également plus prononcées dans le secteur des entreprises et s'estompent dans l'enseignement supérieur.

Il s'agit de mettre en place des dispositifs équilibrant la nécessaire circulation des personnes et des idées et préservant l'attractivité du territoire national, lui permettant de constituer, d'attirer et de conserver un « réservoir » de personnels scientifiques et techniques.

Au niveau européen, la persistance d'obstacles administratifs et légaux à la mobilité, comme les fortes inégalités entre les marchés de l'emploi nationaux, est souvent citée comme un frein à la réalisation des objectifs de l'Espace européen de la recherche (EER). Outre l'aspect normatif, il conviendrait également de s'interroger sur les pratiques et représentations des chercheurs et des organismes, qui suscitent probablement d'autres obstacles.

En termes de perspectives, le Livre vert de l'EER, publié le 4 avril 2007, vise à lancer un vaste débat institutionnel et public donnant lieu à des initiatives, qui pourront être reprises dans le cadre de la présidence française de l'Union européenne en 2008. Il permet d'esquisser des perspectives de développement, autour des axes suivants :
– un flux suffisant de chercheurs compétents, avec un niveau élevé de mobilité entre institutions, disciplines, secteurs et pays;
– des infrastructures de recherche d'envergure mondiale, intégrées, mises en réseau et accessibles aux équipes de chercheurs de toute l'Europe et du reste du monde, grâce notamment à de nouvelles générations d'infrastructures de communications électroniques;
– d'excellentes institutions de recherche, engagées dans une coopération et des partenariats public-privé efficaces, et qui constituent le noyau de groupements de recherche et d'innovation, notamment des «communautés de recherche virtuelles», surtout spécialisés dans des domaines interdisciplinaires, et qui peuvent mobiliser une masse critique de ressources humaines et financières;
– un véritable partage des connaissances, notamment entre la recherche publique et les entreprises, ainsi qu'avec le grand public;
– des programmes et priorités de recherche bien coordonnés, incluant un volume appréciable d'investissements dans la recherche publique, programmés conjointement à l'échelon européen, ce qui implique des priorités communes, une mise en œuvre coordonnée et une évaluation conjointe;
– une large ouverture de l'EER sur le monde, accordant une place particulière aux pays voisins et accompagnée d'une forte détermination à relever les défis mondiaux avec les partenaires de l'Europe.

Le Livre vert propose notamment la construction d'un marché européen du travail des chercheurs, et fait appel à la notion de «flexicurité» qui, dans le débat national sur la recherche, est un sujet plus que sensible.

Le réexamen du premier cycle triennal de la stratégie de Lisbonne renouvelée pour la croissance et l'emploi va bientôt commencer, et un deuxième cycle sera lancé en 2008. Le moment est donc propice à une évaluation des progrès réalisés et à un débat sur les orientations futures de l'un des éléments clés de la stratégie de l'EER.

Ces réflexions réamorcent au plan national et dans l'espace européen une discussion sur l'exercice des métiers de l'enseignement supérieur et de la recherche et sur les formes qu'ils peuvent recouvrir.

La France a mené une réflexion approfondie au cours des années 2005 à 2007 sur l'organisation de sa recherche. Cette réflexion a donné lieu à un formidable élan de réformes matérialisé par le «Pacte pour la recherche», suivi de mesures législatives que sont la loi de programme pour la recherche en avril 2006 et la loi n° 2007-1199 du 10 août 2007 relative aux libertés et responsabilités des universités.

Ce dernier impose aujourd'hui de remettre la place de l'enseignement au cœur de la réflexion des métiers de l'enseignement supérieur et de la recherche qui s'offriront aux jeunes scientifiques.

La Charte européenne du chercheur indique que : « L'enseignement est un moyen essentiel pour structurer et diffuser les connaissances et devrait être donc considéré comme une option de grande valeur dans le parcours professionnel des chercheurs. Néanmoins, les responsabilités en tant qu'enseignant ne devraient pas être excessives et ne devraient pas empêcher les chercheurs, surtout en début de carrière, de mener leurs activités de recherche. »

Propositions des organisations représentatives

La prise en compte des premières expériences professionnelles

De nombreux acteurs demandent la reconnaissance des années de doctorat lors du recrutement. Parmi eux figurent ainsi le **SCENRAC-CFTC**, la **CFTC-INRA**, la **CJC**, la **Confédération étudiante**, l'**UNEF**, le **SNTRS-CGT**, le **SGEN-CFDT**, la **CGT-INRA** et le **SNIRS (CFE-CGC)**.

La **CFTC-INRA** souhaite la reconnaissance des années d'études en accordant un crédit retraite de cinq ans correspondant aux formations licence et master. De plus, la CFTC-INRA plaide pour que soit introduite la possibilité de racheter les années passées à l'étranger sur statut précaire lors de la titularisation dans un établissement de recherche. Enfin, l'organisation souhaite que soit instaurée la possibilité de transformer les années de thèse en années fonction publique sans pénalité dès le recrutement statutaire. Le **SCENRAC-CFTC** adopte la même position sur ce point. De plus, l'organisation appelle de ses vœux une réflexion sur la possibilité d'harmoniser les grades entre les CR et les MC : les MC n'ont plus qu'un seul grade de recrutement (fusion de MC1 et MC2) mais, en contrepartie a été créé un grade de promotion (MC0).

La **FNSAESR-CSEN** plaide pour que les expériences d'ATER et de moniteurs soient prises en compte par fraction pour les personnes recrutées comme maîtres de conférences lors de la titularisation (reconstitution de carrière).

Le **SGEN-CFDT** appelle à la mise en œuvre de procédures de reconstitution de carrières prenant en compte les expériences professionnelles avant l'embauche, « analogues à celles qui existent pour les personnels des EPST. »

Le **SCENRAC-CFTC** propose plusieurs mesures. Il demande ainsi que les enseignants-chercheurs déjà engagés dans le métier puissent racheter et valider, comme c'est le cas dans la fonction publique et pour les professeurs de l'EN, leurs années de contractuels. Avec une extension possible aux années passées à l'étranger sur statut précaire ou sous contrat. Pour les jeunes chercheurs, le SCENRAC-CFTC demande à ce que leurs années de thèse soient validées et incluses dans le décompte de leur carrière.

SUD-Recherche-EPST réclame la reprise en compte complète, au moment du recrutement, des durées d'activités de niveau équivalent exercées précédemment, aussi bien dans le public que dans le privé ainsi que le déblocage des carrières des agents, la reconnaissance de leur qualification et des fonctions qu'ils exercent, à travers un plan de reclassement (révision des conditions de promotions).

Le **SNTRS-CGT** plaide pour une revalorisation de l'ancienneté dès le début de carrière des CR, notamment en estimant que la thèse équivaut à deux ans d'ancienneté. L'organisation souhaite parallèlement que les années de thèse soient reconnues dans le calcul de la retraite. Les autres expériences «exercées à un niveau de qualification correspondant», quel que soit le type de financement et aussi bien en France qu'à l'étranger, devraient aussi être prises en compte à 100 %.

Le **SNESUP-FSU** souhaite la titularisation automatique des maîtres de conférences lorsqu'ils ont bénéficié du statut de fonctionnaire stagiaire, que l'organisation propose d'instaurer pour les doctorants. De plus, l'organisation souhaite que l'ensemble des études doctorales et postdoctorales soit pris en compte lors du classement intervenant à la titularisation comme enseignant-chercheur.

SLR souhaite que les formations postdoctorales, telles que les contrats de deux ans qu'elle propose de mettre en place, soient intégrées dans les reconstitutions de carrière en cas de réussite aux concours. De plus, le collectif demande à ce que les chercheurs ayant une expérience professionnelle plus importante soient recrutés au niveau CR1/MC 4e échelon ou DR2/professeur. Enfin, le collectif précise : «il est donc proposé d'améliorer les conditions de reconstitution de carrière des enseignants-chercheurs, des chercheurs et des ITA/IATOS, en comptabilisant toutes les années d'expérience professionnelle au-delà des minima requis pour concourir. En cas de besoin, des possibilités de recours auprès de commissions ayant une compétence administrative mais aussi technique et scientifique doivent être offertes aux agents recrutés.»

Plusieurs organisations représentatives regrettent enfin la suppression de la condition d'âge pour le recrutement en CR2. Il s'agit notamment de la **CGT-INRA**, de **SUD-Recherche-EPST** ainsi que de la **CFTC-INRA** (*cf.* thème X à ce sujet).

L'**IGAENR** a enfin émis une recommandation sur la question de la prise en compte des premières expériences professionnelles : «Revoir et harmoniser les règles fixant les modalités de reclassement des services accomplis par des scientifiques, n'ayant pas la qualité de fonctionnaire, dans des organismes publics et privés (nationaux ou internationaux), en vue de **l'appréciation de leurs conditions d'ancienneté lors de leur recrutement** dans les corps de chercheurs titulaires des EPST et dans les corps des enseignants-chercheurs des EPSCP. »

La revalorisation des salaires et la refonte des grilles

La vaste majorité des acteurs représentatifs demande la revalorisation des grilles de salaire, et notamment le **SNTRS-CGT**, **FO**, le **SNESUP-FSU**, **SUD-Recherche-EPST**, le **SNIRS (CFE-CGC)**, le **SGEN-CFDT**, la **SCENRAC-CFTC** et **SLR**.

Le **SCENRAC-CFTC** demande une revalorisation des salaires dès le début de carrière, en incluant les années de doctorant dans les échelons ainsi que des « bonifications indiciaires dans le calcul des salaires et des primes ». Résumé des propositions dans le tableau ci-dessous :

Propositions du SCENRAC-CFTC

	Enseignants chercheurs				
	Classe	**Échelon**	**Durée**	**Indice**	**Mensuel brut**
Doctorat	2	1	6 mois	453	2 054,03 €
Doctorat	2	2	6 mois	510	2 312,48 €
Doctorat	2	3	1 an	563	2 552,80 €
Doctorat	1	1	1 an	634	2 874,73 €
Post-doctorat	1	2	1 an	683	3 096,91 €
Post-doctorat	1	3	1 an	733	3 323,62 €
	1	4	2 ans	783	3 550,34 €
	1	5	2 ans	820	3 718,11 €
	1	6	2 ans	881	3 994,70 €
	1	7	2 ans	916	4 153,40 €
	1	8	2 ans	963	4 366,51 €
	1	9	2 ans	1 004	4 552,41 €
	exc. 1		2 ans	1 058	4 797,26 €
	exc. 2		2 ans	1 114	5 051,18 €
	exc. 3		2 ans	1 138	5 160,00 €

Durée totale de la carrière : 23 ans.
Début de carrière vers 28 ans.
Fin de carrière vers : 28 + 23 = 51 ans, après lesquels le maître de conférence pourrait être intégré dans le corps des professeurs d'université, à l'échelon C3 (indice nouveau majoré 1 163).

Outre une augmentation immédiate des primes à hauteur de 20 % du salaire moyen de chaque grade, le **SNTRS-CGT** insiste pour que la grille indiciaire des CR soit prolongée jusqu'à la lettre A et que la grille DR2 soit portée à la lettre B (idée que l'accès au corps de DR représente la reconnaissance d'une qualification).

Le **CGEN-CFDT** souhaite des salaires pour les jeunes chercheurs « au niveau du marché international ».

La **FNSAESR-CSEN** souhaite une revalorisation des salaires de départ seulement si cela est couplé à une remise à niveau de l'ensemble de la carrière.

Pour **SUD-Recherche-EPST**, comme exposé durant l'ouverture du chantier, une revalorisation des carrières, qui ne doit pas passer par des primes ou des intéressements supplémentaires mais par une hausse des salaires et une réforme des grilles de CR, afin d'assurer des possibilités de promotion de CR2 à CR1, s'impose. De façon générale, le syndicat souhaite une revalorisation de l'ensemble des salaires en début de carrière ainsi que la réduction du nombre de grades dans chaque corps, concurremment à l'extension de l'amplitude des plages indiciaires. Le but est de permettre une «véritable progression des salaires». De plus, le syndicat demande le relèvement automatique des rémunérations, en pourcentage, à hauteur de l'évolution des prix (indexation) dans toutes les catégories d'emploi. En outre, compte tenu de la perte subie depuis cinq ans, et afin de diminuer les écarts de rémunération, un relèvement uniforme de 30-40 points d'INM de toutes les grilles est réclamé par l'organisation. Enfin, une revalorisation conséquente du début de la grille indiciaire fonction publique est souhaitée. Celle-ci doit être réaménagée au fur et à mesure des augmentations du SMIC.

Sup'Recherche-UNSA affirme que les années de doctorat doivent pouvoir être comptabilisées pour la retraite. L'organisation est favorable au maintien du recrutement en CR2 mais avec une revalorisation.

Pour le **SNESUP-FSU**, la durée totale des études doctorales et postdoctorales doit être prise en compte dans la pension de la fonction publique ou le retraite du régime général.

SLR propose de revaloriser les salaires en prenant en compte un certain nombre de critères. Il s'agit tout d'abord de classer l'ensemble des personnels en fonction de leur niveau de qualification au sein de grilles uniques puis de corriger les barrières artificielles entre les corps en tirant l'ensemble «par le haut», dans une perspective d'amélioration de la carrière. Ensuite, SLR souhaite que soit donnée la même probabilité moyenne de carrière pour des corps de niveau comparable. En outre, le collectif réclame que soit permises des modulations salariales et des promotions tenant plus largement compte des résultats de l'évaluation, tout en évitant le recours à des primes. De plus, il s'agirait de rehausser et d'allonger les grilles de salaires. L'organisation souligne que, s'agissant des emplois ITA-IATOS, un effort particulier devra être fait pour les catégories C. Il s'agira aussi pour les corps post-thèse de renforcer l'attractivité du métier avec une grille reconnaissant le doctorat et commençant à un niveau supérieur de celle des autres fonctionnaires (par exemple, un décalage de l'ordre de trois échelons). Enfin, SLR plaide pour la prise en compte des années de thèse dans le calcul des retraites.

Le **SNIRS (CFE-CGC)** souhaite une révision des grilles indiciaires (corps, grades, indices, durée d'échelon) et non pas simplement des salaires.

La **CGT-INRA** demande à ce que l'échelle des CR1 soit débloquée au niveau indiciaire : ce déblocage doit permettre aux CR1 de plus de 45 ans de terminer leur carrière avec un pouvoir d'achat maintenu et une progression salariale au moins égale à celle qu'ils ont connue les années précédentes. L'organisation souhaite également que les déroulements de carrière des MC, CR ou IR de la recherche et de l'enseignement supérieur soient strictement parallèles (salaires et primes).

La **CGPME** avance la possibilité d'une évolution de la rémunération au fur et à mesure de l'avancement des travaux (au mérite) avec comme contrepartie une certaine souplesse dans cet avancement.

Le **MEDEF** se situe sur la même ligne en ce qui concerne l'introduction d'une part de rémunération au mérite. Plutôt que de revaloriser les grilles de salaires, l'organisation est favorable au développement d'une véritable politique de gestion des ressources humaines qui, allant de pair avec une plus grande autonomie des universités et des centres de recherche publics, permette le développement de primes et de l'avancement au mérite privilégiant l'excellence, l'engagement et la mobilité.

La concurrence internationale

Le **SCENRAC-CFTC** souligne que la dimension européenne de la recherche est insuffisamment valorisée et souhaite le développement pour les jeunes enseignants-chercheurs de possibilités d'effectuer des séjours à l'étranger (avec compensation de frais et un dispositif leur permettant de conserver leur structure familiale).

La **FNSAESR-CSEN** souhaiterait que des accords internationaux, en cas de mobilité (cas des thèses en cotutelle avec un partenaire étranger notamment), abordent le délicat problème des frais d'inscription, qui peuvent être un frein important à la mobilité. Le cas des États-Unis, dont les frais sont dissuasifs pour les jeunes français, est notamment cité. L'organisation souligne toutefois que de tels accords devraient sans doute impliquer une augmentation des frais d'inscription français dont le niveau est «anormalement bas». Le syndicat souhaite toutefois que les boursiers conservent leur exemption.

La **CGPME** prône le développement des thèses internationales (facilitation des cotutelles et des codiplômes) ainsi qu'un travail de lobby sur la publication des articles issus des thèses (revues de recherches internationales, créations de revues francophones, en français et en anglais). L'**UNI** est sur la même ligne en ce qui concerne ce dernier point.

Outre les incitations à la mobilité décrites dans le thème XI, le **MEDEF** suggère d'engager en parallèle « des plans d'action préservant ou renforçant l'attractivité du territoire afin de constituer, d'attirer ou de conserver les chercheurs et personnels scientifiques et techniques dont nous avons besoin afin d'enrichir ou de compléter les ressources issues de nos propres filières de formation (exemple : carte Compétences & Talents) ». De plus, l'organisation défend l'idée de « construire et imposer une "marque" autour du diplôme et de la formation doctorale qui soit lisible notamment au niveau international. "Lyon 1", "Lyon 2" ou "Lyon 3" pourraient être agrégées, par exemple sous une seule appellation conférant une taille critique pour communiquer, pour animer les réseaux des anciens diplômés et pour disposer d'une visibilité mondiale sur leurs domaines d'excellence. La valorisation des doctorats repose aussi probablement pour partie sur l'émergence d'associations d'anciens diplômés qui puissent capitaliser leurs expériences et leurs réseaux autour d'une "marque" qu'ils contribueraient ainsi à développer. »

Organisation non syndicale, **Eurocadres** souligne que le fait que la thèse ne soit pas reconnue par le « milieu », qui exige une expérience complémentaire (universités et CNRS par exemple), est une spécificité française.

L'**ABG** souhaite renforcer la construction d'un espace européen de la recherche et de la formation par le développement d'un site emploi européen des docteurs, site de recrutement mais aussi site d'accompagnement et de conseils. L'ABG conseille de s'inspirer de son antenne franco-allemande.

L'**IGAENR** intervient sur la question de la concurrence internationale *via* deux de ses recommandations :

– « Renforcer l'attractivité des carrières de la recherche en France en s'appuyant sur les meilleurs exemples européens (notamment l'Allemagne, la Finlande, l'Irlande) et en orientant la gestion des ressources humaines en direction d'une plus grande attention portée aux différentes étapes des parcours professionnels, à leur durée (âge d'entrée dans la carrière, accélération des carrières pour les meilleurs), à l'insertion professionnelle des agents concernés et à l'intégration, dans la base de rémunération des différents corps de personnels, d'éléments prenant en compte leur mérite et/ou la nature des fonctions exercées. »

– « Lancer une consultation auprès des établissements publics de recherche et d'enseignement supérieur, de concert avec les services du ministère des Affaires étrangères, sur les dispositions susceptibles d'inciter au retour les meilleurs scientifiques français expatriés à l'étranger, en particulier aux États-Unis. »

En ce qui concerne la question des salaires, la vaste majorité des organisations représentatives insiste sur leur revalorisation. Elles s'opposent à l'idée d'une revalorisation *via* le système des primes. Plusieurs acteurs proposent également des pistes pour une

meilleure valorisation des formations doctorales françaises à l'international. Une majorité déplore les « bouchons » lors des passages d'un grade/statut à un autre (progression de la carrière) et souhaite davantage de fluidité. Les demandes en ce qui concerne une éventuelle reconnaissance des premières expériences professionnelles sont principalement envisagées pour les retraites. Quelques organisations représentatives expriment leurs critiques face à la suppression de la condition d'âge pour le recrutement en CR2.

Recommandations XII du Conseil

- En ce qui concerne le secteur public, il convient de favoriser un système de primes modulables.
- Le Conseil souhaite le rétablissement d'un contingent raisonnable d'avancements au choix.
- Il convient de revaloriser l'ensemble de la grille afin de donner aux jeunes des perspectives de carrière attractives, pour les EPST et les universités.

Annexes

Annexe du thème I

Arrêté du 7 août 2006 relatif à la formation doctorale[1]

Journal officiel n° 195 du 24 août 2006, page 12468.

Texte n° 22

Décrets, arrêtés, circulaires
Textes généraux
Ministère de l'éducation nationale,
de l'enseignement supérieur et de la recherche

Arrêté du 7 août 2006 relatif à la formation doctorale

NOR : MENS0602083A

Le ministre de l'éducation nationale, de l'enseignement supérieur et de la recherche et le ministre délégué à l'enseignement supérieur et à la recherche,

Vu le code de l'éducation, notamment ses articles L. 123-7, L. 612-7, D. 123-12, D. 123-13 et D. 123-14;

Vu le code de la recherche, notamment son article L. 412-1;

Vu le décret n° 2002-481 du 8 avril 2002 relatif aux grades et titres universitaires et aux diplômes nationaux;

Vu le décret n° 2002-482 du 8 avril 2002 portant application au système français d'enseignement supérieur de la construction de l'espace européen de l'enseignement supérieur, modifié par le décret n° 2004-703 du 13 juillet 2004;

Vu l'arrêté du 3 septembre 1998 relatif à la charte des thèses;

Vu l'arrêté du 6 janvier 2005 relatif à la cotutelle internationale de thèse;

Vu l'avis du Conseil national de l'enseignement supérieur et de la recherche en date du 5 juillet 2006,

1. Source : Legifrance.gouv.fr

Arrête :

Article 1

La formation doctorale est organisée au sein des écoles doctorales. Elle consiste en une formation par la recherche, à la recherche et à l'innovation, qui peut être accomplie en formation initiale ou continue. Elle constitue une expérience professionnelle de recherche, sanctionnée, après soutenance de thèse, par la collation du grade de docteur.

TITRE Ier
ÉCOLES DOCTORALES

Article 2

Les écoles doctorales organisent la formation des docteurs et les préparent à leur insertion professionnelle.

Elles apportent aux doctorants une culture pluridisciplinaire dans le cadre d'un projet scientifique cohérent.

Elles concourent à la mise en cohérence et à la visibilité internationale de l'offre de formation doctorale des établissements ainsi qu'à la structuration des sites.

Article 3

Dans le cadre de la politique scientifique d'un établissement ou, le cas échéant, de celle des établissements bénéficiant d'une accréditation conjointe au sens de l'article 7 du présent arrêté ou associés au sens de l'article 9 du présent arrêté, les écoles doctorales rassemblent des unités et des équipes de recherche reconnues après une évaluation nationale autour de la mise en œuvre des missions définies aux articles 2 et 4 du présent arrêté.

Une unité de recherche ne participe qu'à une seule école doctorale. Toutefois, si la taille de l'unité et l'étendue du spectre scientifique le justifient, les équipes de recherche qui la composent peuvent être réparties entre plusieurs écoles doctorales.

À titre exceptionnel, une unité ou une équipe de recherche appartenant à une école doctorale peut être rattachée à une seconde école doctorale, notamment pour assurer le développement d'approches thématiques pluridisciplinaires à vocation professionnelle.

Article 4

Les écoles doctorales, dans le cadre de leur programme d'actions :
– mettent en œuvre une politique de choix des doctorants fondée sur des critères explicites et publics; organisent, dans le cadre de la

politique des établissements, l'attribution des financements qui leur sont dévolus, notamment les allocations de recherche;

– s'assurent de la qualité de l'encadrement des doctorants par les unités et équipes de recherche, veillent au respect de la charte des thèses prévue par l'arrêté du 3 septembre 1998 susvisé et la mettent en œuvre. Elles mettent les doctorants en mesure de préparer et de soutenir leur thèse dans les meilleures conditions;

– organisent les échanges scientifiques et intellectuels entre doctorants, éventuellement au sein d'un collège des écoles doctorales de l'établissement ou du site;

– proposent aux doctorants les formations utiles à leur projet de recherche et à leur projet professionnel ainsi que les formations nécessaires à l'acquisition d'une culture scientifique élargie. Ces formations doivent non seulement permettre de préparer les docteurs au métier de chercheur dans le secteur public, l'industrie et les services mais, plus généralement, à tout métier requérant les compétences acquises lors de la formation doctorale. Elles peuvent être organisées avec le concours d'autres organismes publics et privés ainsi qu'avec les centres d'initiation à l'enseignement supérieur;

– définissent un dispositif d'appui à l'insertion professionnelle des docteurs, tant dans les établissements publics que dans le secteur privé, établi en relation avec les organismes ou associations concourant à ce même objectif et comportant, le cas échéant, un bilan des compétences acquises;

– organisent un suivi de l'insertion professionnelle des docteurs et, plus généralement, de l'ensemble des doctorants qu'elles ont accueillis;

– apportent une ouverture européenne et internationale, notamment dans le cadre d'actions de coopération conduites avec des établissements d'enseignement supérieur ou centres de recherche étrangers, en particulier par la promotion des cotutelles internationales de thèse.

Article 5

En vue, notamment, de favoriser la reconnaissance du doctorat, les actions de coopération menées par les établissements d'enseignement au sein des écoles doctorales avec le monde industriel et plus largement le monde socio-économique pour favoriser le développement des politiques d'innovation et le recrutement des docteurs peuvent l'être dans le cadre d'accords conclus entre l'État et les branches professionnelles ou les entreprises et bénéficier de dispositifs d'appui particuliers.

Article 6

Les écoles doctorales sont accréditées, après une évaluation nationale, par le ministre chargé de l'enseignement supérieur dans le cadre du ou des contrats d'établissement, lorsqu'ils existent, et au maximum pour la durée des contrats. Pour les établissements ne bénéficiant pas de contrat, l'accréditation est prononcée pour une durée équivalente, en cohérence avec la politique de site. L'accréditation précise le ou les champs disciplinaires concernés.

L'évaluation nationale est conduite par l'Agence d'évaluation de la recherche et de l'enseignement supérieur dans le cadre de critères rendus publics et applicables à chaque école doctorale. Elle comporte une évaluation scientifique et une évaluation de la qualité de la formation doctorale, notamment au regard de chacune des missions définies aux articles 2 et 4 ci-dessus. Elle prend en compte les résultats issus des dispositifs d'auto-évaluation des écoles doctorales que les établissements mettent en œuvre.

Afin de garantir la connaissance la plus large possible de l'offre de formation doctorale française, un annuaire des écoles doctorales accréditées est régulièrement mis à jour.

Article 7

La création d'une école doctorale est proposée par un ou plusieurs établissements d'enseignement supérieur dont au moins un établissement public.

Plusieurs établissements d'enseignement supérieur peuvent demander conjointement l'accréditation d'une école doctorale, à la condition que chacun d'entre eux participe de façon significative à son animation scientifique et pédagogique et dispose de capacités de recherche et d'un potentiel d'encadrement doctoral suffisant. Sauf exception scientifiquement motivée, ces établissements doivent être localisés sur un même site ou sur des sites proches. Leur coopération fait l'objet d'une convention qui est jointe à la demande d'accréditation. Pour assurer la responsabilité administrative de l'école doctorale, les établissements désignent l'un d'entre eux, qui doit être un établissement public, comme support de l'école doctorale.

La création d'une école doctorale peut être proposée dans des conditions qui dérogent au premier alinéa du présent article. Cette école doctorale ne peut être accréditée par le ministre chargé de l'enseignement supérieur que sur proposition et avis motivé du conseil de l'Agence de l'évaluation de la recherche et de l'enseignement supérieur.

Article 8

Une ou plusieurs écoles doctorales peuvent être organisées dans le cadre d'un pôle de recherche et d'enseignement supérieur ou d'un réseau thématique de recherche avancée prévus par le chapitre IV du code de la recherche.

Article 9

Les établissements d'enseignement supérieur ainsi que des organismes publics de recherche et des fondations de recherche peuvent participer à une école doctorale avec la qualité d'établissement associé en accueillant des doctorants de cette école au sein d'unités ou d'équipes de recherche reconnues à la suite de l'évaluation nationale.

Des organismes publics ou privés peuvent également être reconnus comme établissements associés à l'école doctorale et accueillir des doctorants. Ces doctorants relèvent de l'école doctorale et sont placés sous la responsabilité scientifique soit d'un directeur de thèse appartenant à cette école, soit de deux codirecteurs de thèse appartenant l'un à l'école doctorale, l'autre à l'organisme d'accueil.

Les établissements associés, sauf exception scientifiquement motivée par des coopérations de recherche structurées, sont localisés ou disposent d'une installation sur le site ou sur un site proche de l'établissement ou des établissements titulaires de l'accréditation. Ils figurent dans la demande d'accréditation.

Des établissements d'enseignement supérieur étrangers peuvent accueillir des doctorants, notamment dans le cadre de cotutelles internationales de thèses.

Les modalités de coopération entre les établissements concourant à l'école doctorale sont définies par une ou des conventions jointes à la demande d'accréditation.

Article 10

L'école doctorale est dirigée par un directeur assisté d'un conseil.

Le directeur de l'école doctorale est choisi parmi les professeurs et assimilés au sens des dispositions relatives à la désignation des membres du Conseil national des universités ou parmi les enseignants de rang équivalent qui ne dépendent pas du ministère chargé de l'enseignement supérieur ou parmi les personnels des établissements d'enseignement supérieur, des organismes publics de recherche et des fondations de recherche, habilités à diriger des recherches. Il est nommé pour la durée de l'accréditation de l'école doctorale. Son mandat peut être renouvelé sans excéder huit ans.

Lorsqu'une école doctorale relève d'un seul établissement, le directeur de l'école doctorale est nommé par le chef d'établissement après avis du conseil scientifique ou des instances qui en tiennent lieu et du conseil de l'école doctorale.

Lorsqu'une école doctorale fait l'objet d'une accréditation conjointe, les chefs d'établissement désignent conjointement le directeur dans les conditions définies par la convention qui les lie et après avis des conseils scientifiques ou des instances qui en tiennent lieu et du conseil de l'école doctorale.

Article 11

Le directeur de l'école doctorale met en œuvre le programme d'actions de l'école et présente chaque année un rapport d'activité de l'école doctorale devant le conseil de l'école doctorale et le conseil scientifique du ou des établissements concernés.

Après consultation des directeurs de thèse concernés et des responsables des unités de recherche dans lesquelles les doctorants souhaitent poursuivre leurs travaux de recherche et après délibération du conseil de l'école doctorale, il propose l'attribution des allocations de recherche dévolues à l'école doctorale et, le cas échéant, des autres types de financement dévolus à l'école doctorale et pouvant être alloués aux doctorants. Il présente chaque année la liste des bénéficiaires des allocations de recherche et autres types de financement devant le conseil de l'école doctorale et en informe le conseil scientifique de l'établissement ou des établissements concernés.

Article 12

Le conseil de l'école doctorale adopte le programme d'actions de l'école doctorale et gère, par ses délibérations, les affaires qui relèvent de l'école doctorale conformément aux dispositions des articles 2 à 5 du présent arrêté.

Le conseil comprend de douze à vingt-six membres. La moitié de ses membres sont des représentants des établissements, des unités ou équipes de recherche concernés dont un représentant des personnels ingénieurs, administratifs, techniciens, ouvriers et de service. L'autre moitié est composée, à hauteur de 20 % du total des membres du conseil, arrondi s'il y a lieu à l'unité inférieure, de doctorants appartenant à l'école doctorale élus par leurs pairs ; elle est complétée par des membres extérieurs à l'école doctorale choisis, à parts égales, parmi les personnalités françaises et étrangères compétentes, dans les domaines scientifiques d'une part, et dans les secteurs industriels et socio-économiques concernés d'autre part.

Les membres du conseil autres que les doctorants sont désignés suivant des modalités adoptées par le conseil d'administration de l'établissement ou des établissements concernés par l'accréditation.

Le conseil de l'école doctorale se réunit au moins trois fois par an.

TITRE II
DOCTORAT

Article 13

Le doctorat est préparé, dans une école doctorale accréditée, au sein d'une unité ou équipe de recherche reconnue à la suite d'une évaluation nationale, sous la responsabilité d'un directeur de thèse rattaché à cette école ou dans le cadre d'une codirection telle que mentionnée aux articles 9 et 17 du présent arrêté.

À titre exceptionnel, le doctorat peut être préparé au sein d'une équipe de recherche en émergence, sur proposition de l'établissement ou des établissements concernés dans le cadre de sa politique scientifique, après autorisation accordée par le ministre chargé de l'enseignement supérieur sur la base d'une évaluation nationale diligentée à cet effet. L'équipe de recherche en émergence concernée est rattachée à une école doctorale, après avis du conseil de cette école, sur proposition du ou des chefs d'établissement.

L'accréditation d'une école doctorale habilite l'établissement auquel elle appartient ou les établissements faisant l'objet d'une accréditation conjointe à délivrer le diplôme national de doctorat en application de l'article 4 du décret n° 2002-481 du 8 avril 2002 susvisé. Le doctorat porte sur l'un des champs disciplinaires couverts par l'accréditation de l'école doctorale. Les établissements concernés peuvent inscrire des doctorants et délivrer le doctorat sous leur propre sceau.

Les établissements d'enseignement supérieur associés à une école doctorale peuvent également inscrire des doctorants après avis favorable du directeur de l'école doctorale. Cependant ils délivrent le doctorat conjointement avec un établissement porteur de l'école doctorale accréditée au sens de l'article 7 ci-dessus.

Article 14

L'inscription au doctorat est prononcée par le chef d'établissement sur proposition du directeur de l'école doctorale après avis du directeur de thèse et du directeur de l'unité de recherche. Elle vaut admission aux formations dispensées par l'école doctorale. L'inscription doit être renouvelée au début de chaque année universitaire.

Pour être inscrit en doctorat, le candidat doit être titulaire d'un diplôme national de master ou d'un autre diplôme conférant le grade de master, à l'issue d'un parcours de formation établissant son aptitude à la recherche.

Si cette condition de diplôme n'est pas remplie, le chef d'établissement peut, par dérogation et sur proposition du conseil de l'école doctorale, inscrire en doctorat des étudiants ayant effectué à l'étranger des études d'un niveau équivalent ou bénéficiant de la validation des acquis prévue à l'article L. 613-5 du code de l'éducation. La liste des bénéficiaires de dérogation est présentée chaque année au conseil de l'école doctorale et au conseil scientifique.

Lors de la première inscription en doctorat :
– le directeur de l'école doctorale s'assure que les conditions scientifiques, matérielles et financières sont réunies pour garantir le bon déroulement des travaux de recherche du candidat et de préparation

de la thèse, après avis du directeur de l'unité de recherche de rattachement sur la qualité du projet;
– la charte des thèses est signée par le doctorant, son directeur de thèse, le directeur de l'école doctorale et le responsable de l'unité ou de l'équipe d'accueil.

Durant la préparation de sa thèse, le doctorant est pleinement intégré à l'unité de recherche.

Article 15

La préparation du doctorat s'effectue, en règle générale, en trois ans. Des dérogations peuvent être accordées, par le chef d'établissement, sur proposition du directeur de l'école doctorale et après avis du directeur de thèse et du conseil de l'école doctorale, sur demande motivée du candidat. La liste des bénéficiaires de dérogation est présentée chaque année au conseil scientifique.

Article 16

Au cours de leur parcours de formation doctorale, les doctorants suivent des formations d'accompagnement et participent à des enseignements, séminaires, missions ou stages organisés dans le cadre de l'école doctorale.

Article 17

Les doctorants effectuent leurs travaux sous le contrôle et la responsabilité de leur directeur de thèse. L'encadrement d'une thèse peut être éventuellement assuré conjointement par deux directeurs de thèse.

Les fonctions de directeur ou de codirecteur de thèse peuvent être exercées :
– par les professeurs et assimilés au sens des dispositions relatives à la désignation des membres du Conseil national des universités ou par des enseignants de rang équivalent qui ne dépendent pas du ministère de l'éducation nationale; par les personnels des établissements d'enseignement supérieur, des organismes publics de recherche et des fondations de recherche, habilités à diriger des recherches;
– par d'autres personnalités, titulaires d'un doctorat, choisies en raison de leur compétence scientifique par le chef d'établissement, sur proposition du directeur de l'école doctorale et après avis du conseil scientifique de l'établissement.

Le conseil scientifique de l'établissement arrête le nombre maximum de doctorants encadrés par un directeur de thèse, éventuellement en fonction des champs disciplinaires concernés, après avis des conseils des écoles doctorales. À cet égard, les dispositions arrêtées par les établissements sont prises en compte dans l'évaluation périodique des écoles doctorales.

Article 18

L'autorisation de présenter en soutenance une thèse est accordée par le chef d'établissement, après avis du directeur de l'école doctorale, sur proposition du directeur de thèse.

Les travaux du candidat sont préalablement examinés par au moins deux rapporteurs désignés par le chef d'établissement, habilités à diriger des recherches ou appartenant à l'une des catégories visées à l'article 17 ci-dessus, sur proposition du directeur de l'école doctorale, après avis du directeur de thèse.

Les rapporteurs doivent être extérieurs à l'école doctorale et à l'établissement du candidat.

Il peut être fait appel à des rapporteurs appartenant à des établissements d'enseignement supérieur ou de recherche étrangers.

Les rapporteurs font connaître leur avis par des rapports écrits sur la base desquels le chef d'établissement autorise la soutenance, sur avis du directeur de l'école doctorale. Ces rapports sont communiqués au jury et au candidat avant la soutenance.

Article 19

Le jury de thèse est désigné par le chef d'établissement après avis du directeur de l'école doctorale et du directeur de thèse. Le nombre des membres du jury est compris entre trois et huit. Il est composé au moins pour moitié de personnalités françaises ou étrangères, extérieures à l'école doctorale et à l'établissement d'inscription du candidat et choisies en raison de leur compétence scientifique, sous réserve des dispositions relatives à la cotutelle internationale de thèse.

Lorsque plusieurs établissements sont habilités à délivrer conjointement le doctorat, le jury est désigné par les chefs des établissements concernés dans les conditions fixées par la convention qui les lie.

La moitié du jury au moins doit être composée de professeurs ou assimilés au sens des dispositions relatives à la désignation des membres du Conseil national des universités ou d'enseignants de rang équivalent qui ne dépendent pas du ministère chargé de l'enseignement supérieur.

Les membres du jury désignent parmi eux un président et, le cas échéant, un rapporteur de soutenance. Le président doit être un professeur ou assimilé ou un enseignant de rang équivalent au sens de l'alinéa précédent. Le directeur de thèse, s'il participe au jury, ne peut être choisi ni comme rapporteur de soutenance, ni comme président du jury.

Article 20

La soutenance est publique, sauf dérogation accordée à titre exceptionnel par le chef d'établissement si le sujet de la thèse présente un caractère confidentiel avéré.

Avant la soutenance, le résumé de la thèse est diffusé à l'intérieur de l'établissement ou des établissements bénéficiant d'une accréditation conjointe. Après la soutenance, une diffusion de la thèse est assurée au sein de l'ensemble de la communauté universitaire.

Dans le cadre de ses délibérations, le jury apprécie la qualité des travaux du candidat, son aptitude à les situer dans leur contexte scientifique ainsi que ses qualités d'exposition.

Lorsque les travaux correspondent à une recherche collective, la part personnelle de chaque candidat est appréciée par un mémoire qu'il rédige et présente individuellement au jury.

L'admission ou l'ajournement est prononcé après délibération du jury.

Le président signe le rapport de soutenance qui est contresigné par l'ensemble des membres du jury. Ce rapport peut indiquer l'une des mentions suivantes : honorable, très honorable, très honorable avec félicitations. La plus haute mention, qui est réservée à des candidats aux qualités exceptionnelles démontrées par les travaux et la soutenance, ne peut être décernée qu'après un vote à bulletin secret et unanime des membres du jury. Dans ce cas, le président du jury établit un rapport complémentaire justifiant cette distinction.

Le rapport de soutenance précise, le cas échéant, que l'établissement ne délivre pas de mention.

Le rapport de soutenance est communiqué au candidat.

Article 21

Les conditions de dépôt, de signalement, de diffusion et d'archivage, notamment par voie électronique, des thèses soutenues font l'objet d'un arrêté du ministre chargé de l'enseignement supérieur.

Article 22

Le diplôme national de docteur est délivré par le ou les chefs d'établissement sur proposition conforme du jury.

Sur le diplôme de docteur figurent le nom et le sceau de l'établissement ou des établissements qui délivrent le doctorat. Y figurent également le champ disciplinaire, le titre de la thèse ou l'intitulé des principaux travaux, le nom de l'école doctorale ainsi que les noms et titres des membres du jury et, le cas échéant, l'indication d'une cotutelle internationale de thèse.

Article 23

L'obtention du diplôme national de docteur confère le grade de docteur.

Article 24

L'arrêté du 25 avril 2002 relatif aux études doctorales est abrogé.

Article 25

Le directeur général de l'enseignement supérieur est chargé de l'exécution du présent arrêté, qui sera publié au *Journal officiel de la République française*.

Fait à Paris, le 7 août 2006.

Le ministre de l'éducation nationale,
de l'enseignement supérieur
et de la recherche,

Gilles de Robien

Le ministre délégué
à l'enseignement supérieur
et à la recherche,

François Goulard

L'exemple du site universitaire lyonnais

Contrats 2003-2006 : accréditation des écoles doctorales

ED	Établissement support	Établissement(s) coaccrédité(s) *Établissement(s) associé(s)*
466 ED Humanités et sciences humaines (HSH)	**Lyon 2** (campagne 2005 = 2 ans)	**ENS LSH Lyon**
339 ED Sciences économiques et de gestion (ECOGEST)	**Lyon 2** (campagne 2005 = 2 ans)	**ENS LSH Lyon**
342 Sciences des sociétés et du droit	**Lyon 2** (campagne 2005 = 2 ans)	ENS LSH Lyon
343 École doctorale de sciences cognitives	**Lyon 2**	**Lyon 1** **ENS LSH Lyon**
332 École doctorale de lettres – systèmes, images, langages	**Lyon 3**	
333 École doctorale de droit	**Lyon 3**	
334 Management – Information – Finance (MIF)	**Lyon 3**	**Lyon 1**
330 École doctorale de Saint-Étienne	**Saint-Étienne**	**École des mines de Saint-Étienne**

Contrats 2007-2010 : accréditation des écoles doctorales

ED	Établissement ayant présenté seul une demande d'accréditation ou Établissement support dans le cadre d'une accréditation conjointe	Établissements ayant présenté une demande d'accréditation conjointe *Établissement(s) ayant demandé à être associé(s)*
484 (Recomposition ED SHS) Lettres, langues, linguistique, arts	Lyon 2	Lyon 2 Lyon 3 ENS LSH Saint-Étienne
483 (Recomposition ED SHS) Histoire, géographie, aménagement, urbanisme, archéologie, science politique, sociologie, anthropologie	Lyon 2	Lyon 2 Lyon 3 ENS LSH Saint-Étienne INSA Lyon **ENS d'architecture de Lyon**
485 (Recomposition ED SHS) Sciences de l'éducation, information et communication, psychologie	Lyon 2	Lyon 2 Lyon 1 Lyon 3 ENS LSH Saint-Étienne
492 (Recomposition ED SHS Droit)	Lyon 3	Lyon 3 Lyon 2 Saint-Étienne
486 (Recomposition ED SHS) Sciences économiques et de gestion	Lyon 3	Lyon 3 Lyon 1 Lyon 2 ENS LSH Saint-Étienne EM Lyon
487 (Recomposition ED SHS Création) Philosophie : histoire, représentation, création	Lyon 3	Lyon 3 ENS LSH Grenoble 2

Répartition des 295 écoles doctorales

Départements scientifiques	Nombre d'ED
Mathématiques et leurs interactions	8
Physique	16
Sciences de la terre, de l'univers, espace	12
Chimie	20
Biologie, médecine, santé	40
Sciences de l'homme et humanités	71
Sciences de la société	66
Sciences pour l'ingénieur	25
Sciences et technologie de l'information et de la communication	28
Agronomie, productions animale et végétale, et agroalimentaire	9
Total	**295**

Annexe du thème II

Dix principes du séminaire de Salzbourg

Les dix principes du séminaire de SALSZBOURG

1. L'élément central le de la formation doctorale est le développement de la connaissance scientifique appuyé sur un projet de recherche original. On reconnaît, dans le même temps, la nécessité croissante, pour les formations doctorales, de faire face aux besoins d'un marché de l'emploi scientifique dépassant le seul champ académique.

2. L'inscription dans la stratégie et les politiques des établissements : sur un plan institutionnel, la responsabilité des universités est de s'assurer que les formations à et par la recherche qu'elles mettent en oeuvre sont conçues pour faire face aux nouveaux défis scientifiques et offrent le niveau adéquat en termes d'opportunités d'insertion professionnelle.

3. L'importance de la diversité : l'éventail important des programmes doctoraux existant en Europe – dont notamment les formations doctorales conduites en partenariat international sont un force qui doit être sous-tendue par la qualité et la diffusion des bonnes pratiques.

4. Les doctorants, en tant que jeunes chercheurs, doivent être reconnus comme des professionnels – avec les droits qui s'attachent à cette reconnaissance – apportant une contribution-clé à l'avancement des connaissances.

5. Le rôle crucial de l'encadrement scientifique et de l'évaluation : en ce qui concerne la situation individuelle des doctorants, les dispositions relatives à l'encadrement scientifique et à l'évaluation du projet de recherche, respectant le principe de transparence, doivent s'appuyer sur un engagement contractuel qui définissant le partage des responsabilités respectives du doctorant, de son directeur de thèse et de l'établissement d'enseignement supérieur (ainsi, en tant que de besoin, que les responsabilités de partenaires extérieurs).

6. La recherche d'une masse critique : les formations doctorales doivent s'efforcer de parvenir à une masse critique ; elles doivent élaborer les différents types de pratiques innovantes qui se diffuseront au sein des universités européennes. De ce point de vue, on gardera à l'esprit, que plusieurs solutions peuvent répondre de manière pertinente à divers contextes : en particulier le contexte des plus grands pays européens, comme celui des petits pays européens. Ces divers principes s'appliquent aux écoles doctorales des établissements d'enseignement supérieur, mais également aux collaborations développées par les universités à l'échelle internationale, nationale et régionale.

7. La durée du cursus doctoral : les formations doctorales doivent être développées dans un calendrier approprié, la référence étant de trois à quatre années temps à plein.

8. La promotion de structures innovantes de formation par la recherche, pour faire face aux défis d'une formation pluridisciplinaire ainsi qu'au développement de compétences scientifiques transférables.

9. L'encouragement à la mobilité : les formation doctorales doivent s'attacher à promouvoir la mobilité géographique des doctorants ; dans un cadre transdisciplinaire, elle doivent également s'attacher à promouvoir leur mobilité à l'intérieur de plusieurs champs de recherche, notamment par la mise en œuvre de partenariats internationaux et de partenariats avec le monde non académique.

10. La garantie d'un financement adéquat : le développement de formations doctorales de qualité, comme le succès des doctorants dans la conduite de leur projet, supposent la mise en œuvre d'un cadre financier approprié.

Annexe du thème III

La pratique : quelques éléments statistiques sur la durée des thèses

Durée de thèses relevée dans l'enquête « SISE – résultats aux diplômes »

Année universitaire au cours de laquelle a eu lieu la soutenance	2003/2004	2004/2005	2005/2006
Total toutes disciplines			
Effectif des docteurs ayant soutenu en 3 ans ou moins	5,9 %	7,8 %	8,2 %
Effectif des docteurs ayant soutenu au bout de 3 à 4 ans	40,6 %	40,2 %	40,6 %
Effectif des docteurs ayant soutenu au bout de 4 à 5 ans	26,5 %	25,5 %	25,4 %
Effectif des docteurs ayant soutenu au bout de 5 à 6 ans	12,1 %	11,7 %	11,4 %
Effectif des docteurs ayant soutenu au bout de 6 à 7 ans	6,9 %	6,7 %	7,0 %
Effectif des docteurs ayant soutenu en plus de 7 ans	8,0 %	8,1 %	7,3 %
Total	100 %	100 %	100 %
Sciences exactes et leurs applications			
Effectif des docteurs ayant soutenu en 3 ans ou moins	6,9 %	10,5 %	11,0 %
Effectif des docteurs ayant soutenu au bout de 3 à 4 ans	58,8 %	57,9 %	59,3 %
Effectif des docteurs ayant soutenu au bout de 4 à 5 ans	26,0 %	23,5 %	22,4 %
Effectif des docteurs ayant soutenu au bout de 5 à 6 ans	5,8 %	5,6 %	5,1 %
Effectif des docteurs ayant soutenu au bout de 6 à 7 ans	1,7 %	1,5 %	1,6 %
Effectif des docteurs ayant soutenu en plus de 7 ans	0,8 %	1,0 %	0,6 %
Total	100 %	100 %	100 %
Sciences du vivant			
Effectif des docteurs ayant soutenu en 3 ans ou moins	5,2 %	6,5 %	6,5 %
Effectif des docteurs ayant soutenu au bout de 3 à 4 ans	49,1 %	46,2 %	44,6 %
Effectif des docteurs ayant soutenu au bout de 4 à 5 ans	31,9 %	35,1 %	36,0 %
Effectif des docteurs ayant soutenu au bout de 5 à 6 ans	9,7 %	9,2 %	9,3 %
Effectif des docteurs ayant soutenu au bout de 6 à 7 ans	2,8 %	1,6 %	2,5 %
Effectif des docteurs ayant soutenu en plus de 7 ans	1,3 %	1,4 %	1,1 %
Total	100 %	100 %	100 %
Sciences humaines et sociales			
Effectif des docteurs ayant soutenu en 3 ans ou moins	5,1 %	5,0 %	5,3 %
Effectif des docteurs ayant soutenu au bout de 3 à 4 ans	14,0 %	13,7 %	12,8 %
Effectif des docteurs ayant soutenu au bout de 4 à 5 ans	23,8 %	22,2 %	23,5 %
Effectif des docteurs ayant soutenu au bout de 5 à 6 ans	21,0 %	21,1 %	21,3 %
Effectif des docteurs ayant soutenu au bout de 6 à 7 ans	15,6 %	16,5 %	17,0 %
Effectif des docteurs ayant soutenu en plus de 7 ans	20,5 %	21,4 %	20,1 %
Total	100 %	100 %	100 %

Champ d'enquête : 305 écoles doctorales en 2006, y compris grandes écoles et écoles d'ingénieurs. Ces données incluent toutes les thèses soutenues par les salariés inscrits en doctorat.

Répartition disciplinaire :
- Sciences exactes et leurs applications : physique chimies, mathématiques et leurs interactions, sciences de la terre de l'univers et de l'espace, sciences pour l'ingénieur, sciences et technologies de l'information et de la communication
- Sciences du vivant : biologie, médecine, santé, sciences agronomiques et écologiques
- Sciences humaines et sociales : lettres, langues, linguistique, littérature et arts, histoire géographie, sciences économiques, gestion/sciences des organisations, sociologie, anthropologie, ethnologie

Source : Système d'information sur la recherche et les études doctorales / Enquête SIREDO sur les effectifs des écoles doctorales 2004, 2005 et 2006.

Doctorats – Inscrits en 2005-2006 et thèses soutenues en 2004[1]

Disciplines	Inscrits en 2005-2006	Thèses soutenues en 2004	Durée relative (2)
Droit, sciences politiques	8895	816	10,90
Sciences économiques gestion	4762	490	9,72
Lettres sciences du langage arts	*7197*		
Langues	*2799*		
Sciences humaines et sociales	*16150*		
Pluriformation : lettres, langues, sciences humaines (1)	*28*		
Total lettres, langues, sciences humaines	26174	2274	11,51
Sciences fondamentales et applications	*15446*		
Sciences de la nature et de la vie	*10112*		
Plurisciences (1)	*122*		
Total sciences	25680	5283	4,86
STAPS	552	68	8,12
Médecine odontologie	1494	214	6,98
Pharmacie	633	157	4,03
Total	**68190**	**9302**	**7,33**

(1) Les « plurisciences » ont été créées dans le cadre de la réforme LMD.

(2) Le calcul concernant la durée relative n'est pas dans le RERS, c'est ici le rapport entre le nombre d'inscrits en 2005-2006 et le nombre de thèses soutenues en 2004. Pour une meilleure comparaison, il faudrait prendre les inscrits en 2000 ou 2001 mais ces nombres ne sont pas donnés dans le RERS dont on dispose. Par ailleurs, l'évolution du nombre des doctorants n'est pas rapide et les nombres concernant la durée relative n'indiquent qu'une tendance.

Thèses soutenues selon les disciplines[2]

Discipline / Année	1982	1990	1999	2000	2000 (1)	2001	2002	2003	2004
Droit, sciences politiques	478	521	781	961	1254	1034	697	681	816
Sciences économiques gestion	559	411	502	643	637	532	430	436	487
AES (2)						2	2	1	3
Lettres	2099	1513	2344	2593	2449	2201	2101	2121	2274
Sciences	3916	4705	5751	5699	5621	5195	4976	4799	5283
STAPS		11	41	30	30	47	37	49	68
DOM-TOM	Thèses non incluses		48	Les thèses soutenues dans les DOM-TOM sont incluses					
Total	**7052**	**7161**	**9467**	**9926**	**9991**	**9011**	**8243**	**8087**	**8931**
Médecine odontologie pharmacie	Non indiqué	Non indiqué	484	504	504	Non indiqué	369	367	371
Total général			**9951**	**10430**	**10495**		**8612**	**8454**	**9302**

(1) Le mode de collecte des informations a changé en 2001 ce qui a entraîné une variation des nombres, plus ou moins marquée, selon les disciplines.

(2) AES = filières universitaires administratives économiques et sociales.

1. Source : RERS 2006, « Repères et références statistiques sur les enseignements, la formation et la recherche ».
2. Sources : RERS de 2001 à 2006.

Éléments de comparaison internationale

Durée de la thèse pour les différents champs disciplinaires aux États-Unis

Program	Normative Time in years for PhD programs
Anthropology	5-7
Biochemistry & Molecular Biology	5
Biology	6
Biomedical Sciences	5
Cell, Molecular & Developmental Biology	5
Chemical & Environmental Engineering	5
Chemistry	5
Classics (Tri-Campus)	6
Comparative Literature	6
Computer Science	5
Dance History & Theory	6
Economics	5
Education	5
Electrical Engineering	5
English	6
Entomology	5 2/3
Environmental Sciences	5
Environmental Toxicology	5
Evolution, Ecology and Organismal Bioloby	6
Genetics, Genomics and Bioinformatics	5
Geological Sciences	5 2/3
History	5 2/3
Mathematics	5
Mechanical Engineering	5
Microbiology	5
Neuroscience	5 1/3
Philosophy	6
Physics	5 = theory – 6 = experimental
Plant Biology/Plant Biology (Plant Genetics)	5
Plant Pathology	6
Political Science	5
Psychology	5
Religious Studies	6
Sociology	6
Soil & Water Sciences	5
Spanish	5
Statistics/Applied Statistics	5

Annexe du thème IV

Financement des doctorants

Le financement des doctorants inscrits en première année de thèse, observé aux rentrées 2005 et 2006

Total à la rentrée universitaire	Total des doctorants dont le mode de financement de thèse est connu	Total doctorants financés (hors salariés)	% des doctorants financés/total des doctorants	Total des doctorants salariés
2005	17 692	10 114	57 %	2 978
2006	17 486	10 310	59 %	3 194

La répartition par type de financement en 2005
(en % par rapport au total doctorants financés)

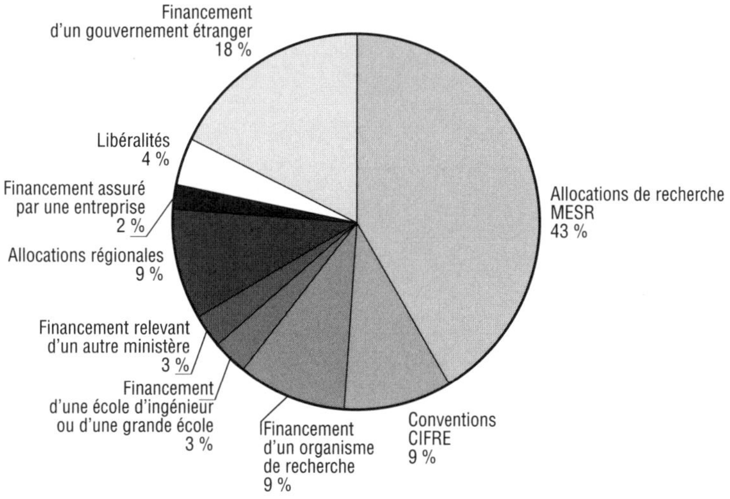

Source : DGES.

Annexe du thème IX

Article 244 *quater* B du Code général des impôts

I. – Les entreprises industrielles et commerciales ou agricoles imposées d'après leur bénéfice réel ou exonérées en application des articles 44 *sexies*, 44 *sexies* A, 44 *septies*, 44 *octies*, 44 *octies* A, 44 *decies* et 44 *undecies* qui exposent des dépenses de recherche peuvent bénéficier d'un crédit d'impôt égal à la somme :
a. D'une part égale à 10 % des dépenses de recherche exposées au cours de l'année, dite part en volume;
b. Et d'une part égale à 40 % de la différence entre les dépenses de recherche exposées au cours de l'année et la moyenne des dépenses de même nature, revalorisées de la hausse des prix à la consommation hors tabac, exposées au cours des deux années précédentes, dite part en accroissement.

Lorsque cette dernière est négative, elle est imputée sur les parts en accroissement calculées au titre des dépenses engagées au cours des cinq années suivantes. Le montant imputé est plafonné à la somme des parts positives de même nature antérieurement calculées.

Le crédit d'impôt négatif qui trouvait son origine en 2003 ou au cours d'une année antérieure s'impute sur les parts en accroissement relatives aux dépenses engagées à compter du 1er janvier 2004 dans les mêmes conditions.

En cas de fusion ou opération assimilée, la part en accroissement négative du crédit d'impôt de la société apporteuse non encore imputée est transférée à la société bénéficiaire de l'apport.

À l'exception du crédit d'impôt imputable par la société mère dans les conditions prévues à l'article 223 O, le **crédit d'impôt est plafonné pour chaque entreprise, y compris les sociétés de personnes, à 16000000 euros**. Il s'apprécie en prenant en compte la fraction de la part en accroissement et de la part en volume du crédit d'impôt correspondant aux parts des associés de sociétés de personnes mentionnées aux articles 8 et 238 *bis* L et aux droits des membres de groupements mentionnés aux articles 239 *quater*, 239 *quater* B et 239 *quater* C, le cas échéant majoré de la part en accroissement et de la part en volume calculées au titre des dépenses de recherche que ces associés ou membres ont exposées.

Lorsque la somme de la part en volume et de la part en accroissement du crédit d'impôt des sociétés et groupements visés à la dernière phrase de l'alinéa précédent excède le plafond mentionné à ce même alinéa, le montant respectif de ces parts pris en compte pour le calcul du crédit d'impôt dont bénéficient leurs associés ou leurs membres est égal au montant du plafond multiplié par le rapport entre le montant respectif de chacune de ces parts et leur somme avant application du plafond. Lorsque la part en accroissement est négative, la part en volume prise en compte est limitée au plafond précité et la part en accroissement prise en compte est la part en accroissement multipliée par le rapport entre le plafond et le montant de la part en volume.

Les dispositions du présent article s'appliquent sur option annuelle de l'entreprise. Par exception, l'option est exercée pour cinq ans lorsqu'elle est formulée par des sociétés de personnes mentionnées aux articles 8 et 238 *bis* L et par des groupements mentionnés aux articles 239 *quater*, 239 *quater* B et 239 *quater* C.

Lorsque l'option, après avoir été exercée, n'est plus exercée au titre d'une ou de plusieurs années, le crédit d'impôt de l'année au titre de laquelle l'option est exercée à nouveau est calculé dans les mêmes conditions que si l'option avait été renouvelée continûment.

La fraction du crédit d'impôt qui résulte de la prise en compte de dépenses prévues au h et au i du II exposées à compter du 1er janvier 1999 est plafonnée pour chaque entreprise à 100 000 euros par période de trois ans consécutifs.

II. – **Les dépenses de recherche ouvrant droit au crédit d'impôt sont** :

a) Les dotations aux amortissements des immobilisations, créées ou acquises à l'état neuf et affectées directement à la réalisation d'opérations de recherche scientifique et technique, y compris la réalisation de prototypes ou d'installations pilotes. Toutefois, les dotations aux amortissements des immeubles acquis ou achevés avant le 1er janvier 1991 ainsi que celles des immeubles dont le permis de construire a été délivré avant le 1er janvier 1991 ne sont pas prises en compte;

b) Les dépenses de personnel afférentes aux chercheurs et techniciens de recherche directement et exclusivement affectés à ces opérations. Lorsque ces dépenses se rapportent à des personnes titulaires d'un doctorat ou d'un diplôme équivalent, elles sont prises en compte pour le double de leur montant pendant les douze premiers mois suivant leur premier recrutement à condition que le contrat de travail de ces personnes soit à durée indéterminée et que l'effectif salarié de l'entreprise ne soit pas inférieur à celui de l'année précédente;

c) les autres dépenses de fonctionnement exposées dans les mêmes opérations; ces dépenses sont fixées forfaitairement à 75 p. 100 des dépenses de personnel mentionnées à la première phrase du b;

Ce pourcentage est fixé à :
1° et 2° (abrogés pour les dépenses retenues pour le calcul du crédit d'impôt à compter du 1er janvier 2000).
3° 200 % des dépenses de personnel qui se rapportent aux personnes titulaires d'un doctorat ou d'un diplôme équivalent pendant les douze premiers mois suivant leur premier recrutement à la condition que le contrat de travail de ces personnes soit à durée indéterminée et que l'effectif salarié de l'entreprise ne soit pas inférieur à celui de l'année précédente.

d) Les dépenses exposées pour la réalisation d'opérations de même nature confiées à des organismes de recherche publics ou à des universités. Ces dépenses sont retenues pour le double de leur montant à la condition qu'il n'existe pas de liens de dépendance au sens des deuxième à quatrième alinéas du 12 de l'article 39 entre l'entreprise qui bénéficie du crédit d'impôt et l'organisme ou l'université.

d *bis*) Les dépenses exposées pour la réalisation d'opérations de même nature confiées à des organismes de recherche privés agréés par le ministre chargé de la recherche, ou à des experts scientifiques ou techniques agréés dans les mêmes conditions. Pour les organismes de recherche établis dans un État membre de la Communauté européenne, ou dans un autre État partie à l'accord sur l'Espace économique européen ayant conclu avec la France une convention fiscale contenant une clause d'assistance administrative en vue de lutter contre la fraude ou l'évasion fiscale, l'agrément peut être délivré par le ministre français chargé de la recherche ou, lorsqu'il existe un dispositif similaire dans le pays d'implantation de l'organisme auquel sont confiées les opérations de recherche, par l'entité compétente pour délivrer l'agrément équivalent à celui du crédit d'impôt recherche français;

d *ter*) Les dépenses mentionnées aux d et d *bis* entrent dans la base de calcul du crédit d'impôt recherche dans la limite globale de deux millions d'euros par an. Cette limite est portée à 10 millions d'euros pour les dépenses de recherche correspondant à des opérations confiées aux organismes mentionnés aux d et d *bis*, à la condition qu'il n'existe pas de lien de dépendance au sens des deuxième à quatrième alinéas du 12 de l'article 39 entre l'entreprise qui bénéficie du crédit d'impôt et ces organismes;

e) Les frais de prise et de maintenance de brevets et de certificats d'obtention végétale;

e *bis*) Les frais de défense de brevets et de certificats d'obtention végétale;

f) Les dotations aux amortissements des brevets et des certificats d'obtention végétale acquis en vue de réaliser des opérations de recherche et de développement expérimental;

g) Les dépenses de normalisation afférentes aux produits de l'entreprise, définies comme suit, pour la moitié de leur montant :
1° Les salaires et charges sociales afférents aux périodes pendant lesquelles les salariés participent aux réunions officielles de normalisation;
2° Les autres dépenses exposées à raison de ces mêmes opérations; ces dépenses sont fixées forfaitairement à 30 p. 100 des salaires mentionnés au 1°;
3° Dans des conditions fixées par décret, les dépenses exposées par le chef d'une entreprise individuelle, les personnes mentionnées au I de l'article 151 *nonies* et les mandataires sociaux pour leur participation aux réunions officielles de normalisation, à concurrence d'un forfait journalier de 450 euros par jour de présence auxdites réunions;

h) Les dépenses liées à l'élaboration de nouvelles collections exposées par les entreprises industrielles du secteur textile-habillement-cuir et définies comme suit :
1° Les salaires et charges sociales afférents aux stylistes et techniciens des bureaux de style directement et exclusivement chargés de la conception de nouveaux produits et aux ingénieurs et techniciens de production chargés de la réalisation de prototypes ou d'échantillons non vendus;

2° Les dotations aux amortissements des immobilisations créées ou acquises à l'état neuf qui sont directement affectées à la réalisation d'opérations visées au 1° ;
3° Les autres dépenses de fonctionnement exposées à raison de ces mêmes opérations ; ces dépenses sont fixées forfaitairement à 75 p. 100 des dépenses de personnel mentionnées au 1° ;
4° Les frais de dépôt des dessins et modèles.
5° Les frais de défense des dessins et modèles, dans la limite de 60 000 euros par an.

i) Les dépenses liées à l'élaboration de nouvelles collections confiée par les entreprises industrielles du secteur textile-habillement-cuir à des stylistes ou bureaux de style agréés selon des modalités définies par décret ;

j) Les dépenses de veille technologique exposées lors de la réalisation d'opérations de recherche, dans la limite de 60 000 euros par an.

Pour être éligibles au crédit d'impôt mentionné au premier alinéa du I, les dépenses prévues aux a à j doivent être des dépenses retenues pour la détermination du résultat imposable à l'impôt sur le revenu ou à l'impôt sur les sociétés dans les conditions de droit commun et, à l'exception des dépenses prévues aux e *bis* et j, correspondre à des opérations localisées au sein de la Communauté européenne ou dans un autre État partie à l'accord sur l'espace économique européen ayant conclu avec la France une convention fiscale contenant une clause d'assistance administrative en vue de lutter contre la fraude ou l'évasion fiscale.

Les dépenses visées aux a et 2° du h du II ne sont pas retenues pour le calcul du crédit d'impôt recherche lorsque les immobilisations concernées ont bénéficié du crédit d'impôt prévu à l'article 220 *septies*.

III. – Les subventions publiques reçues par les entreprises à raison des opérations ouvrant droit au crédit d'impôt sont déduites des bases de calcul de ce crédit. Il en est de même des sommes reçues par les organismes ou experts désignés au d et au d *bis* du II, pour le calcul de leur propre crédit d'impôt.

En outre, en cas de transfert de personnels, d'immobilisations ou de contrats mentionnés au d et d *bis* du II, entre entreprises ayant des liens de dépendance directe ou indirecte, ou résultant de fusions, scissions, apports ou opérations assimilées, il est fait abstraction, pour le calcul de la part en accroissement, de la variation des dépenses provenant exclusivement du transfert.

IV., IV. *bis*, IV. *ter*, V. – (Dispositions périmées).

VI. – **Un décret fixe les conditions d'application du présent article**. Il en adapte les dispositions aux cas d'exercices de durée inégale ou ne coïncidant pas avec l'année civile.

NOTA : Loi 2006-1771 2006-12-30 art. 91 II : dispositions applicables aux crédits d'impôt calculés au titre des dépenses exposées à compter du 1er janvier 2007.

Annexe du thème X

Pourcentage par secteur des femmes chercheures dans les États membres de l'Union européenne

Tableau Eurostat 2000
POURCENTAGE PAR SECTEUR DES CHERCHEURS QUI SONT DES FEMMES DANS LES ETATS MEMBRES DE l'UE, HC, 2000 (1)

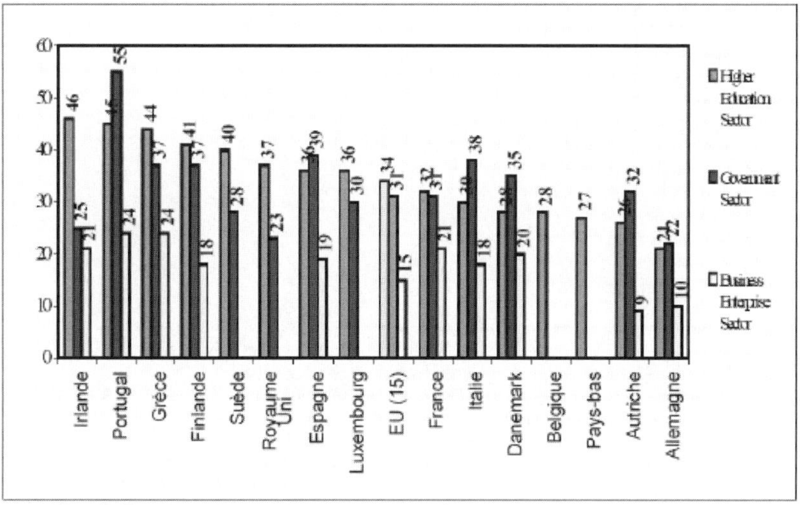

France:
Higher Education Sector = 32%
Government Sector = 31%
Business Enterprise Sector = 21%

« La participation des femmes dans la recherche » CLORA, Club des organismes de recherche Associés, avril 2004

	Femmes	En % du total	Hommes	Total
Maître de conférences classe normale	9 067	**38 %**	14 920	23 987
Maîtres de conférences hors classe	712	**29 %**	1 710	2 422
Maîtres de conférences 2e classe médecine	184	**37 %**	313	497
Maîtres de conférences 1re classe médecine	562	**46 %**	673	1 235
Maîtres de conférences hors classe médecine	100	**55 %**	83	183
Professeurs université 2e classe	1 643	**19 %**	7 096	8 739
Professeurs université 1re classe	830	**12 %**	6 086	6 916
Professeurs université classe exceptionnelle	110	**7 %**	1 507	1 617
Total recherche universitaire	**13 208**	29 %	**32 388**	**45 596**

Démographie des personnels enseignants toutes disciplines CNU confondues (juin 2007 – rapport de la direction générale des ressources humaines)

Liberté • Égalité • Fraternité
RÉPUBLIQUE FRANÇAISE

ministère éducation nationale

MINISTÈRE DE L'ENSEIGNEMENT SUPÉRIEUR ET DE LA RECHERCHE

DEMOGRAPHIE DES PERSONNELS ENSEIGNANTS

toutes disciplines CNU confondues

Juin 2007

DIRECTION GENERALE DES RESSOURCES HUMAINES

Service des personnels enseignants de l'enseignement supérieur et de la recherche
Sous-direction des études de gestion prévisionnelle, statutaires et des affaires communes
Bureau des études de gestion prévisionnelle
- DGRH A1-1 -

DGRH A1-1 le 25 mai 2007

Répartition par tranche d'ages, sexe et corps des enseignants en fonction dans l'enseignement supérieur

Toutes disciplines confondues

	Total tous corps confondus		
Tranche d'âges	Hommes	Femmes	Total
- de 30 ans	471	316	787
30-34 ans	3 452	2 441	5 893
35-39 ans	5 958	4 378	10 336
40-44 ans	6 861	4 334	11 195
45-49 ans	6 046	3 220	9 266
50-54 ans	5 438	2 742	8 180
55-59 ans	7 071	3 275	10 346
60-64 ans	7 134	2 489	9 623
65 ans et plus	901	291	1 192
Total	43 332	23 486	66 818

Total tous corps confondus		
% Hommes	% Femmes	Total
64,9%	35,1%	100%
Age Moyen		
Hommes	Femmes	Total
48 ans 6 mois	46 ans 2 mois	48 ans 6 mois
Age Médian		
Hommes	Femmes	Total
49 ans	45 ans 4 mois	47 ans 9 mois

PYRAMIDE DEMOGRAPHIQUE DES ENSEIGNANTS EN FONCTION DANS L'ENSEIGNEMENT SUPERIEUR :
VENTILATION PAR SEXE ET AGE
TOUTES DISCIPLINES ET TOUS CORPS CONFONDUS

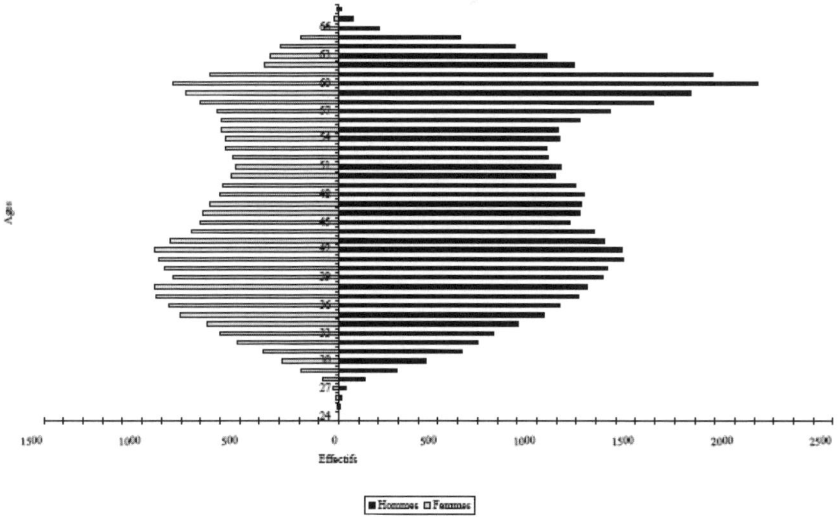

Source: Gesup2 (hors surnombres et associés), mai 2007

DGRH A1-1

Le 25 mai 2007

Répartition par tranche d'âges, sexe et corps des enseignants en fonction dans l'enseignement supérieur

Toutes disciplines confondues

	Professeurs des universités		
Tranche d'âges	Hommes	Femmes	Total
- de 30 ans			
30-34 ans	85	33	118
35-39 ans	579	178	757
40-44 ans	1 855	456	2 311
45-49 ans	2 487	613	3 100
50-54 ans	2 398	571	2 969
55-59 ans	3 056	705	3 761
60-64 ans	3 737	710	4 447
65 ans et plus	532	87	619
Total	14 729	3 353	18 082

Professeurs des universités		
% Hommes	% Femmes	Total
81,5%	18,5%	100%
Age Moyen		
Hommes	Femmes	Total
53 ans 3 mois	52 ans 3 mois	53 ans 3 mois
Age Médian		
Hommes	Femmes	Total
54 ans 11 mois	53 ans 6 mois	54 ans 7 mois

	Maîtres de conférences		
Tranche d'âges	Hommes	Femmes	Total
- de 30 ans	343	169	512
30-34 ans	2 885	1 892	4 777
35-39 ans	4 412	3 406	7 818
40-44 ans	3 928	3 066	6 994
45-49 ans	2 431	1 815	4 246
50-54 ans	1 764	1 246	3 010
55-59 ans	2 219	1 471	3 690
60-64 ans	2 467	1 301	3 768
65 ans et plus	337	184	521
Total	20 786	14 550	35 336

Maîtres de conférences		
% Hommes	% Femmes	Total
58,8%	41,2%	100%
Age Moyen		
Hommes	Femmes	Total
45 ans 1 mois	44 ans 5 mois	44 ans 9 mois
Age Médian		
Hommes	Femmes	Total
43 ans 3 mois	42 ans 8 mois	43 ans

	Enseignants du second degré		
Tranche d'âges	Hommes	Femmes	Total
- de 30 ans	128	147	275
30-34 ans	482	516	998
35-39 ans	967	794	1 761
40-44 ans	1 078	812	1 890
45-49 ans	1 128	792	1 920
50-54 ans	1 276	925	2 201
55-59 ans	1 796	1 099	2 895
60-64 ans	930	478	1 408
65 ans et plus	32	20	52
Total	7 817	5 583	13 400

Enseignants du second degré		
% Hommes	% Femmes	Total
58,3%	41,7%	100%
Age Moyen		
Hommes	Femmes	Total
48 ans 9 mois	47 ans 1 mois	48 ans
Age Médian		
Hommes	Femmes	Total
50 ans 6 mois	48 ans 2 mois	49 ans 7 mois

Source : Gesup2 (hors surnombres et associés), mai 2007

3

DGRH A1-1 le 25 mai 2007

PYRAMIDE DEMOGRAPHIQUE DES ENSEIGNANTS EN FONCTION DANS L'ENSEIGNEMENT SUPERIEUR VENTILATION PAR SEXE ET AGE

PROFESSEURS DES UNIVERSITES - TOUTES DISCIPLINES CONFONDUES -

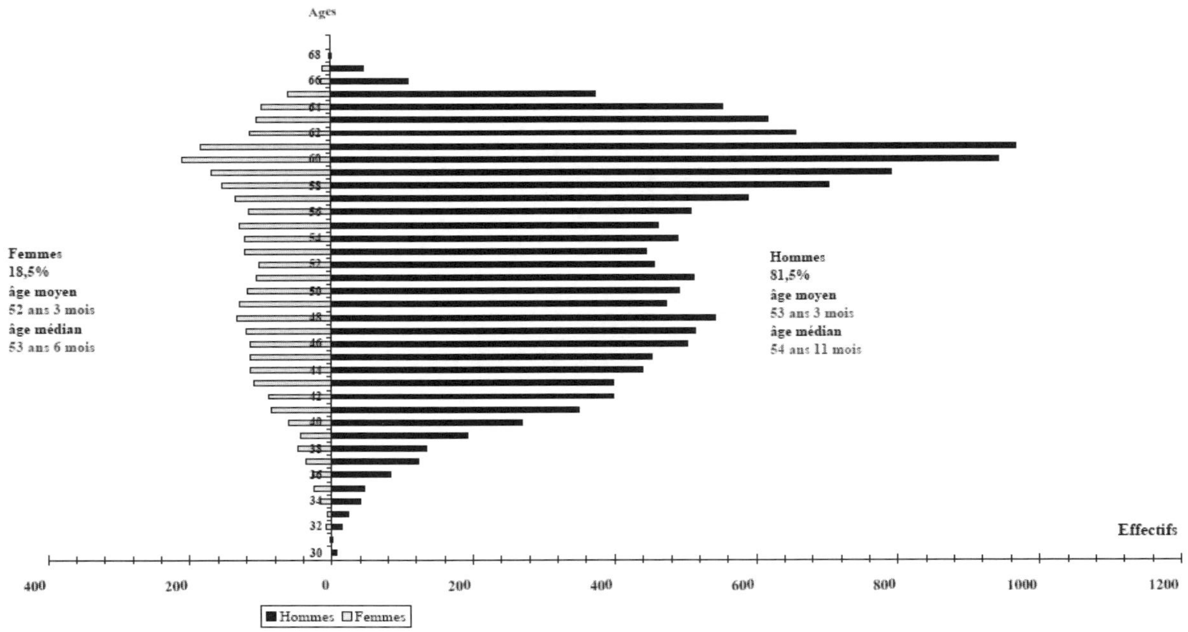

Source: Gesup2 (hors surnombres et associés), mai 2007

4

DGRH A1-1 le 25 mai 2007

PYRAMIDE DEMOGRAPHIQUE DES ENSEIGNANTS EN FONCTION DANS L'ENSEIGNEMENT SUPERIEUR
VENTILATION PAR SEXE ET AGE

MAITRES DE CONFERENCES - TOUTES DISCIPLINES CONFONDUES -

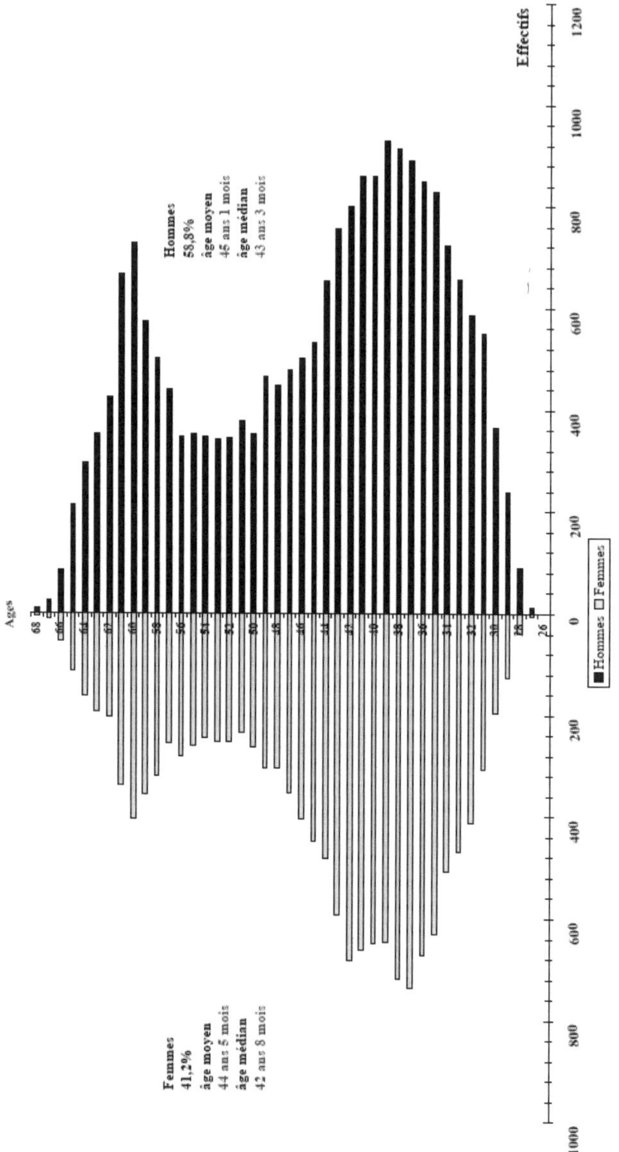

Source: Gesup2 (hors surnombres et associés), mai 2007

DGRH A1-1

le 25 mai 2007

PYRAMIDE DEMOGRAPHIQUE DES ENSEIGNANTS EN FONCTION DANS L'ENSEIGNEMENT SUPERIEUR VENTILATION PAR SEXE ET AGE

ENSEIGNANTS DU SECOND DEGRE - TOUTES DISCIPLINES CONFONDUES -

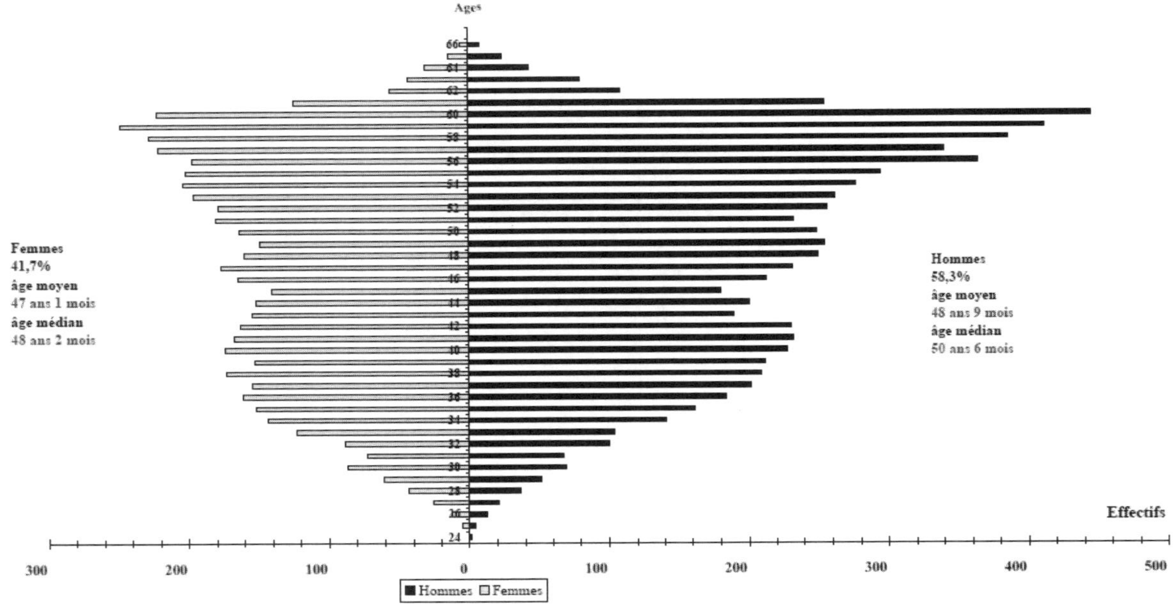

Source: Gesup2 (hors surnombres et associés), mai 2007

6

DGRH A1-1 le 25 mai 2007

Age moyen par groupe, corps et sexe des enseignants en fonction dans l'enseignement supérieur

SECTION	PROFESSEURS						MAITRES DE CONFERENCES						SECOND DEGRE					
C.N.U	H	Age Moyen	F	Age Moyen	Total	Age Moyen	H	Age Moyen	F	Age Moyen	Total	Age Moyen	H	Age Moyen	F	Age Moyen	Total	Age Moyen
GROUPE 01	911	51 ans 8 mois	308	47 ans 7 mois	1219	50 ans 8 mois	1601	47 ans 2 mois	1085	42 ans 4 mois	2686	45 ans 3 mois						
GROUPE 02	758	52 ans 11 mois	145	47 ans 8 mois	903	52 ans 1 mois	1260	46 ans 1 mois	1089	43 ans 8 mois	2349	44 ans 11 mois	938	48 ans 11 mois	672	45 ans 7 mois	1610	47 ans 6 mois
TOTAL DROIT	1669	52 ans 3 mois	453	47 ans 7 mois	2122	51 ans 3 mois	2861	49 ans 11 mois	2174	45 ans 5 mois	5035	48 ans 11 mois	938	48 ans 11 mois	672	45 ans 7 mois	1610	47 ans 6 mois
GROUPE 3a	508	55 ans 6 mois	301	54 ans 4 mois	809	55 ans 1 mois	582	47 ans 9 mois	985	46 ans 4 mois	1567	46 ans 11 mois	400	51 ans 5 mois	816	48 ans 11 mois	1216	49 ans 8 mois
GROUPE 3b	538	56 ans 6 mois	405	55 ans	943	55 ans 10 mois	1116	49 ans 6 mois	1767	47 ans 2 mois	2883	48 ans 1 mois	922	49 ans 11 mois	1823	46 ans 11 mois	2745	47 ans 11 mois
GROUPE 4a	651	55 ans 9 mois	244	55 ans 11 mois	895	55 ans 9 mois	1166	48 ans 1 mois	1131	45 ans	2297	46 ans 7 mois	391	51 ans 4 mois	276	50 ans 4 mois	667	50 ans 11 mois
GROUPE 4b	746	54 ans 6 mois	225	55 ans 6 mois	971	54 ans 9 mois	1058	45 ans 1 mois	816	43 ans 11 mois	1874	44 ans 7 mois	272	49 ans	178	49 ans 4 mois	450	49 ans 1 mois
GROUPE 74a	238	57 ans 1 mois	94	55 ans 2 mois	332	56 ans 6 mois	530	49 ans 6 mois	519	47 ans 5 mois	1049	48 ans 6 mois	43	48 ans 2 mois	224	48 ans 4 mois	267	48 ans 3 mois
STAPS	95	52 ans 4 mois	27	49 ans 5 mois	122	51 ans 8 mois	374	43 ans 1 mois	190	40 ans 5 mois	564	42 ans 2 mois	1207	49 ans 1 mois	524	47 ans	1731	48 ans 6 mois
Théologie	26	56 ans 11 mois	5	50 ans 9 mois	31	55 ans 11 mois	17	48 ans 11 mois	7	46 ans 8 mois	24	48 ans 3 mois	3	51 ans	1	54 ans	4	51 ans 9 mois
TOTAL LETTRES	2802	55 ans 6 mois	1301	55 ans	4103	55 ans 4 mois	4843	47 ans 6 mois	5415	45 ans 11 mois	10258	46 ans 8 mois	3238	49 ans 10 mois	3842	47 ans 9 mois	7080	48 ans 9 mois
GROUPE 5a	983	51 ans	111	51 ans 9 mois	1094	51 ans 1 mois	1591	44 ans 10 mois	563	45 ans	2154	44 ans 10 mois	840	49 ans 7 mois	381	47 ans 6 mois	1221	49 ans
Informatique	653	50 ans 11 mois	157	49 ans 10 mois	810	50 ans 8 mois	1712	42 ans	617	43 ans 1 mois	2329	42 ans 4 mois	81	52 ans	31	49 ans 1 mois	112	51 ans 2 mois
GROUPE 6	822	52 ans 7 mois	94	52 ans	916	52 ans 6 mois	1162	41 ans 8 mois	441	41 ans 4 mois	1603	41 ans 7 mois	554	46 ans 2 mois	275	43 ans 8 mois	829	45 ans 4 mois
GROUPE 7	863	53 ans 3 mois	167	50 ans 5 mois	1030	52 ans 9 mois	1301	43 ans 2 mois	917	40 ans 3 mois	2218	41 ans 11 mois	50	51 ans 7 mois	12	42 ans 10 mois	62	49 ans 11 mois
GROUPE 8	358	52 ans 9 mois	41	51 ans	399	52 ans 7 mois	588	43 ans 7 mois	276	40 ans 11 mois	864	42 ans 9 mois						
GROUPE 9	1868	51 ans 9 mois	176	49 ans	2044	51 ans 6 mois	3628	42 ans 5 mois	920	40 ans 2 mois	4548	41 ans 11 mois	1935	47 ans	155	42 ans 6 mois	2090	46 ans 8 mois
GROUPE 10	881	52 ans 7 mois	234	51 ans 8 mois	1115	52 ans 5 mois	1517	44 ans 5 mois	1606	43 ans 2 mois	3123	43 ans 9 mois	181	47 ans 9 mois	215	45 ans 6 mois	396	46 ans 6 mois
TOTAL SCIENCES	6428	52 ans	980	50 ans 8 mois	7408	51 ans 10 mois	11499	43 ans	5340	42 ans 1 mois	16839	42 ans 9 mois	3641	47 ans 8 mois	1069	45 ans 5 mois	4710	47 ans 2 mois
PHARMACIE	430	54 ans 11 mois	165	52 ans 10 mois	595	54 ans 4 mois	486	46 ans 9 mois	722	46 ans 6 mois	1208	46 ans 7 mois						
MEDECINE	3311	53 ans 10 mois	424	52 ans	3735	53 ans 8 mois	798	50 ans 9 mois	786	51 ans 6 mois	1584	51 ans 2 mois						
MEDECINE	89	57 ans 3 mois	30	53 ans 9 mois	119	56 ans 4 mois	299	51 ans 3 mois	113	47 ans	412	50 ans 1 mois						
TOTAL GENERAL	14729	53 ans 3 mois	3353	52 ans 3 mois	18082	53 ans 1 mois	20786	45 ans 1 mois	14550	44 ans 5 mois	35336	44 ans 9 mois	7817	48 ans 9 mois	5583	47 ans 1 mois	13400	48 ans

Source: Gesup2 (hors surnombres et associés), mai 2007

Bilan de la campagne 2006 de recrutement et d'affection des maîtres de conférences

DGRH A1-1 **Réalisé le 19 juin 2006**

Bilan de la campagne 2006
de recrutement et d'affectation des maîtres de conférences

Extraits pour la fiche 9 Axe 3

Tableau III - f

Analyse par section, sexe et corps des postes pourvus, tous articles confondus (*)

Section	Titre de la section	Professeurs des universités			
		Femmes	Hommes	Total	% femmes sur total
01	Droit privé et sciences criminelles				
02	Droit public				
03	Histoire du droit et des institutions				
04	Science politique				
05	Sciences économiques		2	2	
06	Sciences de gestion		2	2	
07	Sciences du langage : linguistique et phonétique générales	8	6	14	57,1%
08	Langues et littératures anciennes	2	2	4	50,0%
09	Langue et littérature françaises	11	5	16	68,8%
10	Littératures comparées	4	6	10	40,0%
11	Langues et littératures anglaises et anglo-saxonnes	11	11	22	50,0%
12	Langues et littératures germaniques et scandinaves	5	3	8	62,5%
13	Langues et littératures slaves	1	1	2	50,0%
14	Langues et littératures romanes : espagnol, italien, portugais, autres langues romanes	7	10	17	41,2%
15	Langues et littératures arabes, chinoises, japonaises, hébraïques, d'autres domaines linguistiques	2	8	10	20,0%
16	Psychologie, psychologie clinique, psychologie sociale	7	9	16	43,8%
17	Philosophie	2	3	5	40,0%
18	Architecture (ses théories et ses pratiques), arts appliqués, arts plastiques, arts du spectacle, épistémologie des enseignements artistiques, esthétique, musicologie, musique, sciences de l'art	3	9	12	25,0%
19	Sociologie, démographie	6	12	18	33,3%
20	Anthropologie, ethnologie, préhistoire		3	3	
21	Histoire et civilisations : histoire et archéologie des mondes anciens et des mondes médiévaux ; de l'art	1	9	10	10,0%
22	Histoire et civilisations : histoire des mondes modernes ; histoire du monde contemporain ; de l'art	8	14	22	36,4%
23	Géographie physique, humaine, économique et régionale	5	12	17	29,4%
24	Aménagement de l'espace, urbanisme		3	3	
25	Mathématiques	2	22	24	8,3%
26	Mathématiques appliquées et applications des mathématiques	4	19	23	17,4%
27	Informatique	12	38	50	24,0%
28	Milieux denses et matériaux	5	24	29	17,2%
29	Constituants élémentaires	1	12	13	7,7%
30	Milieux dilués et optique	1	14	15	6,7%
31	Chimie théorique, physique, analytique	7	17	24	29,2%
32	Chimie organique, minérale, industrielle	6	14	20	30,0%
33	Chimie des matériaux	2	13	15	13,3%
34	Astronomie, astrophysique	3	2	5	60,0%
35	Structure et évolution de la terre et des autres planètes	1	15	16	6,3%
36	Terre solide : géodynamique des enveloppes supérieures, paléobiosphère		2	2	
37	Météorologie, océanographie physique et physique de l'environnement		4	4	
39	Sciences physico-chimiques et technologies pharmaceutiques	4	1	5	80,0%
40	Sciences du médicament	5	5	10	50,0%
41	Sciences biologiques	4	2	6	66,7%
60	Mécanique, génie mécanique, génie civil	2	35	37	5,4%
61	Génie informatique, automatique et traitement du signal	4	28	32	12,5%
62	Energétique, génie des procédés	7	10	17	41,2%
63	Electronique, optronique et systèmes	1	29	30	3,3%
64	Biochimie et biologie moléculaire	5	12	17	29,4%
65	Biologie cellulaire	7	9	16	43,8%
66	Physiologie	2	8	10	20,0%
67	Biologie des populations et écologie	3	10	13	23,1%
68	Biologie des organismes	2	5	7	28,6%
69	Neurosciences	1	5	6	16,7%
70	Sciences de l'éducation	2	5	7	28,6%
71	Sciences de l'information et de la communication	6	4	10	60,0%
72	Epistémologie, histoire des sciences et des techniques		2	2	
73	Cultures et langues régionales		2	2	
74	Sciences et techniques des activités physiques et sportives	2	4	6	33,3%
76	Théologie catholique		1	1	
77	Théologie protestante	1		1	100,0%
	TOUTES SECTIONS CONFONDUES	185	503	688	26,9%

(*) exceptés les articles 46-3 ("voie longue"), 49-2-1 (agrégation externe), 49-2-2 (agrégation interne)

Tableau III - g

Répartition par grande discipline, groupe de section, section du CNU, corps et âge moyen

	Section	Professeurs des universités	
		Effectifs	Age Moyen
DROIT	01		
	02		
	03		
	04		
	GROUPE 1		
	05	2	41 ans
	06	2	45 ans 6 mois
	GROUPE 2	4	43 ans 3 mois
	TOTAL DROIT	4	43 ans 3 mois
LETTRES	07	14	49 ans 4 mois
	08	4	43 ans 6 mois
	09	16	46 ans 6 mois
	10	10	45 ans 2 mois
	11	22	46 ans 10 mois
	12	8	46 ans 9 mois
	13	2	53 ans 6 mois
	14	17	48 ans 2 mois
	15	10	48 ans 10 mois
	GROUPE 3	103	47 ans 4 mois
	16	16	47 ans 3 mois
	17	5	50 ans 4 mois
	18	12	52 ans
	19	18	48 ans 10 mois
	20	3	54 ans 8 mois
	21	10	43 ans 8 mois
	22	22	48 ans 7 mois
	23	17	44 ans 7 mois
	24	3	39 ans 4 mois
	GROUPE 4	106	47 ans 8 mois
	70	7	53 ans 10 mois
	71	10	48 ans 3 mois
	72	2	50 ans
	73	2	46 ans 6 mois
	74	6	44 ans 4 mois
	GROUPE 12	27	48 ans 10 mois
	Théologie		
	TOTAL LETTRES	236	47 ans 8 mois
SCIENCES	25	24	37 ans 3 mois
	26	23	37 ans 8 mois
	27	50	40 ans
	GROUPE 5	97	38 ans 9 mois
	28	29	40 ans
	29	13	41 ans 11 mois
	30	15	41 ans 3 mois
	GROUPE 6	57	40 ans 9 mois
	31	24	39 ans 10 mois
	32	20	40 ans 6 mois
	33	15	42 ans 2 mois
	GROUPE 7	59	40 ans 8 mois
	34	5	42 ans 7 mois
	35	16	41 ans 5 mois
	36	2	39 ans 6 mois
	37	4	46 ans 6 mois
	GROUPE 8	27	42 ans 3 mois
	60	37	41 ans 9 mois
	61	32	42 ans 7 mois
	62	17	40 ans 10 mois
	63	30	40 ans 8 mois
	GROUPE 9	116	41 ans 7 mois
	64	17	43 ans
	65	16	43 ans 3 mois
	66	10	42 ans 7 mois
	67	13	40 ans 7 mois
	68	7	41 ans 5 mois
	69	6	45 ans 10 mois
	GROUPE 10	69	42 ans 7 mois
	TOTAL SCIENCES	425	40 ans 11 mois
PHARMACIE	39	5	46 ans 4 mois
	40	10	44 ans 7 mois
	41	6	41 ans 8 mois
	GROUPE 11	21	44 ans 2 mois
TOTAL GENERAL		686	43 ans 4 mois

Tableau IV - d

Analyse par section, sexe et corps des postes pourvus, tous articles confondus (*)

Section	Titre de la section	Maitres de conférences			
		Femmes	Hommes	Total	% femmes sur total
01	Droit privé et sciences criminelles	21	26	47	44,7%
02	Droit public	22	34	56	39,3%
03	Histoire du droit et des institutions	3	4	7	42,9%
04	Science politique	7	9	16	43,8%
05	Sciences économiques	16	30	46	34,8%
06	Sciences de gestion	50	44	94	53,2%
07	Sciences du langage : linguistique et phonétique générales	23	13	36	63,9%
08	Langues et littératures anciennes	6	8	14	42,9%
09	Langue et littérature françaises	14	17	31	45,2%
10	Littératures comparées	4	2	6	66,7%
11	Langues et littératures anglaises et anglo-saxonnes	55	18	73	75,3%
12	Langues et littératures germaniques et scandinaves	6	7	13	46,2%
13	Langues et littératures slaves	4	2	6	66,7%
14	Langues et littératures romanes : espagnol, italien, portugais, autres langues romanes	35	9	44	79,5%
15	Langues et littératures arabes, chinoises, japonaises, hébraïques, d'autres domaines linguistiques	8	6	14	57,1%
16	Psychologie, psychologie clinique, psychologie sociale	34	17	51	66,7%
17	Philosophie	4	2	6	66,7%
18	Architecture (ses théories et ses pratiques), arts appliqués, arts plastiques, arts du spectacle, épistémologie des enseignements artistiques, esthétique, musicologie, musique, sciences de l'art	12	22	34	35,3%
19	Sociologie, démographie	21	14	35	60,0%
20	Anthropologie, ethnologie, préhistoire	7	4	11	63,6%
21	Histoire et civilisations : histoire et archéologie des mondes anciens et des mondes médiévaux ; de l'art	18	20	38	47,4%
22	Histoire et civilisations : histoire des mondes modernes ; histoire du monde contemporain ; de l'art	16	26	42	38,1%
23	Géographie physique, humaine, économique et régionale	21	20	41	51,2%
24	Aménagement de l'espace, urbanisme	4	6	10	40,0%
25	Mathématiques	7	43	50	14,0%
26	Mathématiques appliquées et applications des mathématiques	26	52	78	33,3%
27	Informatique	39	109	148	26,4%
28	Milieux denses et matériaux	19	46	65	29,2%
29	Constituants élémentaires	2	13	15	13,3%
30	Milieux dilués et optique	1	23	24	4,2%
31	Chimie théorique, physique, analytique	19	24	43	44,2%
32	Chimie organique, minérale, industrielle	13	42	55	23,6%
33	Chimie des matériaux	19	26	45	42,2%
34	Astronomie, astrophysique	3	11	14	21,4%
35	Structure et évolution de la terre et des autres planètes	12	16	28	42,9%
36	Terre solide : géodynamique des enveloppes supérieures, paléobiosphère	4	8	12	33,3%
37	Météorologie, océanographie physique et physique de l'environnement	3	6	9	33,3%
39	Sciences physico-chimiques et technologies pharmaceutiques	13	8	21	61,9%
40	Sciences du médicament	14	9	23	60,9%
41	Sciences biologiques	17	9	26	65,4%
60	Mécanique, génie mécanique, génie civil	19	94	113	16,8%
61	Génie informatique, automatique et traitement du signal	21	53	74	28,4%
62	Energétique, génie des procédés	17	28	45	37,8%
63	Electronique, optronique et systèmes	12	57	69	17,4%
64	Biochimie et biologie moléculaire	23	22	45	51,1%
65	Biologie cellulaire	27	17	44	61,4%
66	Physiologie	16	8	24	66,7%
67	Biologie des populations et écologie	12	15	27	44,4%
68	Biologie des organismes	7	6	13	53,8%
69	Neurosciences	10	4	14	71,4%
70	Sciences de l'éducation	16	6	22	72,7%
71	Sciences de l'information et de la communication	27	10	37	73,0%
72	Epistémologie, histoire des sciences et des techniques	1	3	4	25,0%
73	Cultures et langues régionales		1	1	0,0%
74	Sciences et techniques des activités physiques et sportives	6	18	24	25,0%
76	Théologie catholique	1		1	100,0%
77	Théologie protestante				
	TOUTES SECTIONS CONFONDUES	837	1 147	1 984	42,2%

(*) excepté l'article 62 (liste d'aptitude des assistants titulaires)

Tableau IV - e

Répartition par grande discipline, groupe de section, section du CNU, corps et âge moyen

	Section	Maîtres de conférences	
		Effectifs	Age Moyen
DROIT	01	47	31 ans
	02	56	32 ans 2 mois
	03	7	35 ans 3 mois
	04	16	35 ans
	GROUPE 1	126	32 ans 3 mois
	05	46	31 ans 2 mois
	06	94	34 ans
	GROUPE 2	140	33 ans
	TOTAL DROIT	266	32 ans 8 mois
LETTRES	07	36	38 ans 2 mois
	08	14	34 ans 5 mois
	09	31	40 ans
	10	6	33 ans
	11	73	36 ans 10 mois
	12	13	36 ans 3 mois
	13	6	36 ans 4 mois
	14	44	36 ans 3 mois
	15	14	43 ans 6 mois
	GROUPE 3	237	37 ans 5 mois
	16	51	36 ans
	17	6	36 ans 8 mois
	18	34	40 ans 3 mois
	19	35	34 ans 7 mois
	20	11	34 ans 4 mois
	21	38	34 ans 5 mois
	22	42	36 ans 8 mois
	23	41	32 ans 4 mois
	24	10	33 ans 2 mois
	GROUPE 4	268	35 ans 6 mois
	70	22	39 ans 8 mois
	71	37	38 ans 7 mois
	72	4	36 ans 6 mois
	73	1	51 ans
	74	24	32 ans 6 mois
	GROUPE 12	88	37 ans 3 mois
	Théologie	1	34 ans
	TOTAL LETTRES	594	36 ans 6 mois
SCIENCES	25	50	29 ans 10 mois
	26	78	29 ans 9 mois
	27	148	30 ans
	GROUPE 5	276	29 ans 11 mois
	28	65	29 ans 11 mois
	29	15	29 ans 5 mois
	30	24	30 ans 5 mois
	GROUPE 6	104	29 ans 11 mois
	31	43	29 ans 7 mois
	32	55	30 ans 2 mois
	33	45	30 ans 4 mois
	GROUPE 7	143	30 ans 1 mois
	34	14	30 ans 9 mois
	35	28	31 ans 4 mois
	36	12	31 ans 3 mois
	37	9	31 ans
	GROUPE 8	63	31 ans 2 mois
	60	113	30 ans 5 mois
	61	74	29 ans 11 mois
	62	45	29 ans 9 mois
	63	69	30 ans 4 mois
	GROUPE 9	301	30 ans 2 mois
	64	45	33 ans
	65	44	32 ans 2 mois
	66	24	31 ans 8 mois
	67	27	30 ans 6 mois
	68	13	32 ans 1 mois
	69	14	32 ans 7 mois
	GROUPE 10	167	32 ans 1 mois
	TOTAL SCIENCES	1054	30 ans 5 mois
PHARMACIE	39	21	31 ans 9 mois
	40	23	32 ans 9 mois
	41	26	33 ans 6 mois
	GROUPE 11	70	32 ans 9 mois
TOTAL GENERAL		1984	32 ans 8 mois

Annexe du thème XI

Éléments sur les docteurs ayant préparé leur thèse à l'INSERM (1998-2006)

Doctorat

Depuis 1998, plus de 600 thèses de sciences préparées dans un laboratoire de l'INSERM sont soutenues chaque année, les doctorants (56 % de femmes) étant répartis au sein de 88 écoles doctorales.

13 % (763/5995) des docteurs 1998-2006 sont de nationalité étrangère. Parmi de très nombreux pays, on note la prédominance du continent africain.

Les laboratoires d'accueil des doctorants sont rattachés à l'ensemble des commissions scientifiques spécialisées de l'INSERM avec, en tête, «Immunologie, inflammation, onco-hématologie» (766 personnes).

Postdoctorat

Les pays dans lesquels les docteurs effectuent un (premier) postdoctorat sont nombreux et très largement répartis à travers le monde. La France (1002 personnes) et les États-Unis (916 personnes) dominent largement (Royaume-Uni : 325 personnes).

La durée moyenne du (premier) postdoctorat est de un à deux ans. À l'heure actuelle, il faut peut-être prendre en considération les durées supérieures à quatre ans.

Les financements des postdoctorants sont variés. Les financements d'origine étrangère, ainsi que ceux qui émanent d'associations et fondations françaises, sont les plus nombreux.

Emploi

80 % des docteurs 1998 (480 personnes) ont trouvé un emploi stable en France, huit ans après la soutenance de thèse. Pour les 20 % restants, 10 % (60 personnes) sont encore en postdoctorat, 4 % (24 personnes) ont un devenir «inconnu», et 6 % (36 personnes) ont un emploi stable à l'étranger, dont 3 % (139 personnes) sont de nationalité française.

Les secteurs sont essentiellement «académiques» (hôpital et filière hospitalo-universitaire, EPST, université), 72 %, puis «industrie», 21 %. D'autres secteurs sont à noter : «enseignement secondaire», «médecine libérale», etc.

Médecins

L'effectif des docteurs médecins est de 16 % (918 personnes) de l'effectif global des docteurs 1998-2006. Pour les docteurs de 1998 à 2002, le pourcentage est constant, puis s'amorce une diminution.

Les docteurs médecins occupent un emploi stable à l'hôpital (et filière hospitalo-universitaire) pour 79 % d'entre eux. Les autres (21 %) trouvent un emploi stable au sein de centres anticancéreux, ministères, etc.

Conclusion

Le nombre de docteurs (16 % de médecins) formés à l'INSERM est constant depuis 1998, avec plus de 600 thèses soutenues chaque année. La France et les États-Unis dominent largement les autres pays où s'effectue le postdoctorat, financé le plus souvent par l'étranger et les associations et fondations françaises. Le secteur «académique» est le secteur d'emploi où les docteurs sont les plus nombreux. Il faut attendre encore pour confirmer si la diminution du nombre de docteurs médecins, amorcée depuis 2002, est une réalité.

Docteurs ayant préparé une thèse à l'Inserm de 1998 à 2006 – 1er pays du post-doctorat, 1 à 2 ans en moyenne (2 900 personnes) (10 premiers pays)

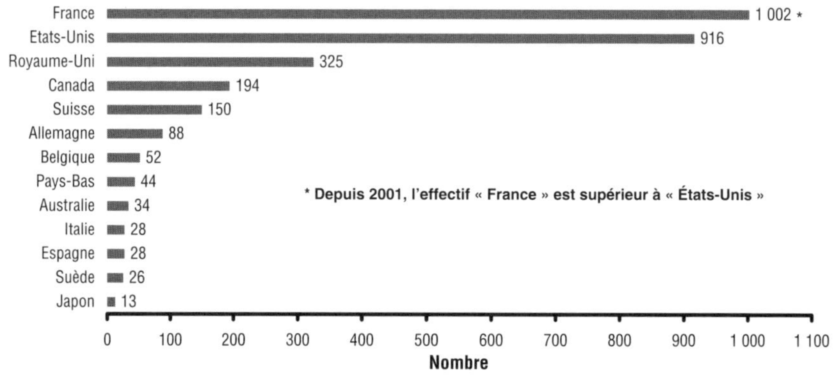

Source : Mission chercheurs de l'INSERM.

Annexe du thème XII[1]

Échelonnement indiciaire des chargés de recherche, maîtres de conférences, directeurs de recherche et professeurs d'université

ECHELONNEMENTS INDICIAIRES DES CHARGES DE RECHERCHE ET DES MAITRES DE CONFERENCES AU 01/02/2007

CHARGES DE RECHERCHE			
Grade/classe échelon	IB	IM	Avancement
1ère classe			
9ème échelon	1 015	821	
8ème échelon	965	783	2 ans 10 mois
7ème échelon	920	749	2 ans 9 mois
6ème échelon	882	719	2 ans 6 mois
5ème échelon	821	673	2 ans 6 mois
4ème échelon	755	623	2 ans 6 mois
3ème échelon	678	564	2 ans 6 mois
2ème échelon	609	505	2 ans 6 mois
1er échelon	562	476	2 ans
2ème classe			
6ème échelon	677	564	
5ème échelon	653	545	2 ans
4ème échelon	618	518	1 an 4 mois
3ème échelon	580	490	1 an
2ème échelon	542	461	1 an
1er échelon	530	454	1 an

MAITRES DE CONFERENCES			
Grade/classe échelon	IB	IM	Avancement
Hors classe			
6ème échelon	A		
5ème échelon	1 015	821	5 ans
4ème échelon	958	776	1 an
3ème échelon	901	734	1 an
2ème échelon	852	696	1 an
1er échelon	801	658	1 an
Cl. normale			
9ème échelon	1 015	821	
8ème échelon	965	783	2 ans 10 mois
7ème échelon	920	749	2 ans 10 mois
6ème échelon	882	719	3 ans 6 mois
5ème échelon	821	673	2 ans 10 mois
4ème échelon	755	623	2 ans 10 mois
3ème échelon	677	564	
2ème échelon	608	511	2 ans 10 mois
1er échelon	530	454	2 ans

ECHELONNEMENTS INDICIAIRES DES DIRECTEURS DE RECHERCHE ET DES PROFESSEURS DES UNIVERSITES AU 01/02/2007

DIRECTEURS DE RECHERCHE			
Grade/classe échelon	IB	IM	Avancement
Classe exceptionnelle			
2ème échelon	E2	1 320	
	E1	1 270	1 an
1er échelon	D3	1 270	1 an
	D2	1 217	1 an
	D1	1 164	1 an
1ère classe			
3ème échelon	C3	1 164	
	C2	1 139	1 an
	C1	1 115	1 an
2ème échelon	B3	1 058	1 an
	B2	1 004	1 an
	B1	963	1 an
1er échelon	1 015	821	3 ans
2ème classe			
6ème échelon	A3	963	
	A2	916	1 an
	A1	881	1 an
5ème échelon	1 015	821	3 ans 6 mois
4ème échelon	958	776	1 an 3 mois
3ème échelon	901	734	1 an 3 mois
2ème échelon	852	696	1 an 3 mois
1er échelon	801	658	1 an 3 mois

PROFESSEURS DES UNIVERSITES			
Grade/classe échelon	IB	IM	Avancement
Classe exceptionnelle			
2ème échelon	E2	1 320	
	E1	1 270	1 an
1er échelon	D3	1 270	1 an
	D2	1 217	1 an
	D1	1 164	1 an
1ère classe			
3ème échelon	C3	1 164	
	C2	1 139	1 an
	C1	1 116	1 an
2ème échelon	B3	1 058	2 ans 4 mois
	B2	1 004	1 an
	B1	963	1 an
1er échelon	1 015	821	4 ans 4 mois
2ème classe			
6ème échelon	A3	963	
	A2	916	1 an
	A1	881	1 an
5ème échelon	1 015	821	5 ans
4ème échelon	958	776	1 an
3ème échelon	901	734	1 an
2ème échelon	852	696	1 an
1er échelon	801	658	1 an

1. Source : sous-direction des études de gestion prévisionnelle, statistiques et des affaires communes.

Fiche de rémunération du corps des maîtres de conférences

FICHE DE RÉMUNÉRATION DU CORPS DES MAÎTRES DE CONFÉRENCES au 1er février 2007

TEXTES APPLICABLES :

Décret n° 84-431 du 6 juin 1984 modifié, relatif aux statuts du corps des professeurs des universités et du corps des maîtres de conférences, articles 37, 39, 40 et 40-1

Arrêté du 7 mars 1985 modifié relatif à l'échelonnement indiciaire de certains personnels de l'enseignement supérieur

Décret n° 85-1148 du 24 octobre 1985 modifié en dernier lieu par le décret n° 95-1099 du 9 octobre 1995 relatif à la rémunération des personnels civils et militaires de l'État et des personnels des collectivités territoriales

Grade	Échelon	Temps de passage à l'échelon sup. et dans les chevrons	Indices et échelles-lettres* Brut	Majoré* au 1/2/2007	Traitement annuel brut (en euros)	Traitement mensuel brut (en francs)	Traitement mensuel brut (en euros)
				valeur du point: 54,4113			
classe normale	1er	2 ans	530	454	24 703	13 603,274	2 058,561
	2ième	2 ans 10 mois	608	511	27 804	15 198,619	2 317,015
	3ième	2 ans 10 mois	677	564	30 688	16 774,992	2 557,331
	4ième	2 ans 10 mois	755	623	33 898	18 529,823	2 824,853
	5ième	2 ans 10 mois	821	673	36 619	20 016,968	3 051,567
	6ième	3 ans 6 mois	882	719	39 122	21 385,141	3 260,144
	7ième	2 ans 10 mois	920	749	40 754	22 277,428	3 396,172
	8ième	2 ans 10 mois	966	783	42 604	23 288,686	3 550,337
	9ième		1015	821	44 672	24 418,916	3 722,640
Le passage de la classe normale à la hors classe se fait aux choix parmi les maîtres de conférences parvenus au 7ème échelon de la classe normale et ayant accompli au moins 5 ans de service en qualité de maître de conférences ou de maître-assistant en position d'activité ou de détachement							
hors classe	1er	1 an	801	658	35 803	19 570,824	2 983,563
	2ième	1 an	852	696	37 870	20 701,054	3 155,855
	3ième	1 an	901	734	39 936	21 831,284	3 328,158
	4ième	1 an	958	776	42 223	23 080,486	3 518,597
	5ième	5 ans	1015	821	44 672	24 418,916	3 722,640
	6ième						
	chev 1	1 an	A 1	881	47 936	26 203,490	3 994,696
	chev 2	1 an	A 2	916	49 841	27 244,491	4 153,396
	chev 3		A 3	963	52 398	28 642,407	4 366,507

Pour obtenir des chiffres précis, il convient de prendre un seul chiffre après la virgule, car excel arrondit

Fiche de rémunération du corps des professeurs des universités

FICHE DE RÉMUNÉRATION DU CORPS DES PROFESSEURS DES UNIVERSITÉS au 1er février 2007

TEXTES APPLICABLES :

Décret n° 84-431 du 6 juin 1984 modifié, relatif aux statuts du corps des professeurs des universités et du corps des maîtres de conférences, articles 37, 39, 40 et 40-1

Arrêté du 7 mars 1985 modifié relatif à l'échelonnement indiciaire de certains personnels de l'enseignement supérieur

Décret n° 85-1148 du 24 octobre 1985 modifié en dernier lieu par le décret n° 95-1099 du 9 octobre 1995 relatif à la rémunération des personnels civils et militaires de l'État et des personnels des collectivités territoriales

Grade	Échelon	Temps de passage à l'échelon supérieur et dans les chevrons	Indices et échelles-lettres* Brut	Majoré* au 1/02/2007	Traitement annuel brut (en euros)	Traitement mensuel brut (en euros)	Traitement mensuel brut (en francs)
				valeur du point: 54,4113			
2e classe	1er	1 an	801	658	35 803	2 983,653	19 570,824
	2ième	1 an	852	696	37 870	3 155,855	20 701,054
	3ième	1 an	901	734	39 938	3 328,158	21 831,284
	4ième	1 an	958	776	42 223	3 518,597	23 080,486
	5ième	5 ans	1015	821	44 672	3 722,640	24 418,916
	6ième						
	Chev 1	1 an	A1	881	47 936	3 994,696	26 203,490
	Chev 2	1 an	A2	916	49 841	4 153,396	27 244,481
	Chev 3		A3	963	52 398	4 366,507	28 642,407
Le passage à la 1ère classe se fait au choix							
1ere classe	1er	4 ans 4 moi	1015	821	44 672	3722,640	24418,916
	2ième	4 ans 4 mois					
	Chev 1	1 an	B 1	963	52 398	4366,507	28642,407
	Chev 2	1 an	B 2	1004	54 629	4552,412	29861,866
	Chev 3		B 3	1058	57 567	4797,263	31467,982
	3ieme						
	che 1	1 an	C 1	1115	60 669	5055,717	33163,327
	che 2	1 an	C 2	1139	61 974	5164,539	33877,157
	che 3		C 3	1164	63 335	5277,896	34620,729
Passage au choix au 1er échelon de la Cl exc après 18 mois d'ancienneté en 1ere classe							
Classe exc 1ere échelon	Chev 1		D1	1164	63 335	5 277,896	34 620,729
	che 2	1 an	D2	1217	66 219	5 518,213	36 197,102
	che 3	1 an	D3	1270	69 102	5 758,529	37 773,476
Passage au choix au 2e échelon de la Cl exc après 18 mois d'ancienneté en classe exc 1e ech							
classe exc 2e échelon	Chev 1	1 an	E 1	1270	69 102	5758,529	37773,476
	che 2		E 2	1320	71 823	5985,243	39260,620

Pour obtenir des chiffres précis, il convient de prendre un seul chiffre après la virgule, car excel arrondit

Fiche de rémunération du corps des chargés de recherche

FICHE DE RÉMUNÉRATION DU CORPS DES CHARGES DE RECHERCHE
au 1er février 2007

TEXTES APPLICABLES :

Arrêté du 29 mars 1984 fixant l'échelonnement indiciaire des corps de fonctionnaires des établissements publics scientifiques (J.O. du 3 mai 1984) modifié par les arrêtés du 25 avril 1988 (J.O du 7 mai 1988), du 1er août 1990 (J.O du 29 août 1990), du 6 avril 1995 (J.O du 25 avril 1995), du 30 octobre 1995 (J.O du 8 novembre 1995), du 2 octobre 1997 (J.O du 4 octobre 1997), du 30 juin 1998 (J.O du 5 juillet 1998).

Grade	Échelon	Temps de passage à l'échelon sup. et dans les chevrons	Temps de passage cumulé par grade	Indices et échelles-lettres* Brut	Majoré* au 1/02/2007	Traitement annuel brut en euros	Traitement mensuel brut en euros
					valeur du point: 54,4113		
deuxième classe	1er	1 an		530	454	24 702, 73	2 058, 56
	2ième	1 an	2 ans	542	461	25 083, 61	2 090, 30
	3ième	1 an	3 ans	580	490	26 661, 54	2 221, 79
	4ième	1 an 4 mois	4 ans 4 mois	618	518	28 185, 05	2 348, 75
	5ième	2 ans	6 ans 4 mois	653	545	29 654, 16	2 471, 18
	6ième			677	564	30 687, 97	2 557, 33

avancement au choix uniquement parmi les CR 2 justifiant de quatre années au moins d'ancienneté dans ce grade,

Grade	Échelon	Temps de passage à l'échelon sup. et dans les chevrons	Temps de passage cumulé par grade	Brut	Majoré*	Traitement annuel brut en euros	Traitement mensuel brut en euros
première classe	1er	2 ans		562	476	25 899, 78	2 158, 31
	2ième	2 ans 6 mois	4 ans 6 mois	600	505	27 477, 71	2 289, 80
	3ième	2 ans 6 mois	7 ans	678	564	30 687, 97	2 557, 33
	4ième	2 ans 6 mois	9 ans 6 mois	755	623	33 898, 24	2 824, 85
	5ième	2 ans 6 mois	13 ans	821	673	36 618, 80	3 051, 56
	6ième	2 ans 6 mois	15 ans 6 mois	882	719	39 121, 72	3 260, 14
	7ième	2 ans 9 mois	18 ans 3 mois	920	749	40 754, 06	3 396, 17
	8ième	2 ans 10 mois	21 ans 1 mois	966	783	42 604, 05	3 550, 33
	9ième			1015	821	44 671, 68	3 722, 64

Fiche de rémunération du corps des directeurs de recherche

FICHE DE REMUNERATION DU CORPS DES DIRECTEURS DE RECHERCHES au 1er février 2007

Textes applicables :

Arrêté du 29 mars 1984 fixant l'échelonnement indiciaire des corps de fonctionnaires des établissements publics scientifiques (J.O du 3 mai 1984) modifié par les arrêtés du 25 avril 1988 (JO du 7 mai 1988), du 1er août 1990 (j.o du 29 août 1990), du 6 avril 1995 (J.O du 25 avril 1995), du 30 octobre 1995 (J.O du 8 novembre 1995), du 2 octobre 1997 (J.O du 4 octobre 1997), du 30 juin 1998 (J.O du 5 juillet 1998).

Grade	Echelon	Temps de passage à l'échelon supérieur et dans les chevrons	Indices et échelles-lettres Brut	Indices et échelles-lettres Majoré* 1/02/2007	Traitement annuel brut (en euros)	Traitement Mensuel brut (en euros)
Valeur du point : 54.4113						
2e classe	1er	1an et 3 mois	801	658	35 802, 64	2 983, 55
	2ième	1an et 3 mois	852	696	37 870, 26	3 155, 85
	3ième	1an et 3 mois	901	734	39 937, 89	3 328, 15
	4ième	1an et 3 mois	958	776	42 223, 17	3 518, 59
	5ième	5 ans	1015	821	44 671, 68	3 722, 64
	6ième					
	Chev 1	1 an	A1	881	47 936, 35	3 994, 69
	Chev 2	1 an	A2	916	49 840, 75	4 153, 39
	Chev 3	1 an	A3	963	52 398, 08	4 366, 50
Le passage à la 1ère classe se fait au choix						
1ère classe	1er	3 ans	1015	821	44 671, 68	3 722, 64
	2ième	3 ans	A2	916	49 840, 75	4 153, 39
	Chev 1	1 an	B 1	963	52 398, 08	4 366, 50
	Chev 2	1 an	B 2	1004	54 628, 94	4 552, 41
	Chev 3	1 an	B 3	1058	57 567, 15	4 797, 26
	3ième					
	Chev 1	1 an	C 1	1115	60 668, 59	5 055, 71
	Chev 2	1 an	C 2	1139	61 974, 47	5 164, 53
	Chev 3	1 an	C 3	1164	63 334, 75	5 277, 89
Le passage à la classe exceptionnelle se fait au choix						
Classe exc 1ère échelon	1er					
	Chev 1	1 an	D 1	1 164	63 334, 75	5 277, 89
	Chev 2	1 an	D 2	1 217	66 218, 55	5 518, 21
	Chev 3	1 an	D 3	1 270	69 102, 35	5 758, 52
Le passage à la classe exceptionnelle 70se fait au choix						
Classe exc 2e échelon	Chev 1	1 an	E 1	1 270	69 102, 35	5 758, 52
	Chev 2	1 an	E 2	1 320	71 822, 91	5 985, 24

Consultations

Liste des organisations représentatives consultées

Remarque : les représentants mandatés par les organisations représentatives sont indiqués en italique.

ABG : Association Bernard Gregory
Martine PRETCEILLE, directrice

ANDèS : Association nationale des docteurs ès sciences
Sylvain COLLONGE, secrétaire général, et Florent OLIVIER, membre du conseil d'administration

CFTC-INRA : Syndicat CFTC de l'Institut national de la recherche agronomique

CGPME : Confédération générale des petites et moyennes entreprises

CGT-INRA : Syndicat CGT de l'Institut national de la recherche agronomique

CJC : Confédération des jeunes chercheurs
Maiwenn CORRIGNAN, présidente, et Morgane GORRIA, membre du bureau

Confédération étudiante
Sarah BRAUNSTEIN, secrétaire générale

CPU : Conférence des présidents d'université
Thierry COULHON, 2e vice-président, Yves LICHTENBERGER, président du PRES Paris-Est, et Laure MARTINEAU, chargée de mission Recherche

FAGE : Fédération des associations générales étudiantes
Thiébaut WEBER, président

FNSAESR-CSEN : Fédération nationale des syndicats autonomes de l'Enseignement supérieur et de la Recherche
Michel GAY, secrétaire général

MEDEF : Mouvement des entreprises de France
Bruno CARRIAS, délégué général de la Fédération Syntec

SCENRAC-CFTC : Syndicat CFTC de l'Éducation nationale, de la Recherche et des Affaires culturelles

SLR : Collectif « Sauvons La Recherche »
Bertrand MONTHUBERT, président

SNCS-FSU : Syndicat national des chercheurs scientifiques
Jean-Luc MAZET, secrétaire général, et Denis JOUAN, membre du bureau national

SNESUP-FSU : Syndicat national de l'enseignement supérieur – Fédération syndicale unitaire de l'enseignement
Noël BERNARD, représentant

SNIRS (CFE-CGC) : Syndicat national indépendant de la recherche scientifique
Marc de BACKER, secrétaire général, et Marie-Christine LAGOUTTE, secrétaire générale adjointe

SNPREES-FO : Syndicat national FO des personnels de recherche et établissements d'enseignement supérieur
Bernard RÉTY, secrétaire général adjoint

SNTRS-CGT : Syndicat national des travailleurs de la recherche scientifique

SUD-Recherche-ESPT : Syndicat SUD des établissements publics à caractère scientifique et technologique
Délégation composée de Patrick GESTIN, Christine BUISSON, Francis VEZZU, Marie-Bernadette ALBERT et Jean LESREL

Sup'Recherche-UNSA : Union nationale des syndicats autonomes
Jean-Louis SOUBEYROUX, membre du Conseil supérieur de la recherche et de la technologie

UNAPL : Union nationale des professions libérales

UNEF : Union nationale des étudiants de France
Thierry LE CRAS, Gabriel SZEFTEL, Sophie BINET et Jean-Baptiste PRÉVOST, membres du bureau national

UNI : Union nationale interuniversitaire
Olivier VIAL, délégué général

Autres organismes consultés

CDEFI : Conférence des directeurs des écoles françaises d'ingénieurs
Christian LERMINIAUX, 3e vice-président

CEA : Commissariat à l'énergie atomique
Jean-François SORNEIN, directeur du pôle ressources humaines et formation, et Anne AUDEBERT, adjointe au service compétences et parcours professionnels

Eurocadres
Jeanne GROSCLAUDE, directrice de recherche

FutuRIS : plate-forme de prospective stratégique animée par l'ANRT
Jean-Claude LEHMANN, président du groupe de travail

Groupe Glaizer (agence en innovation)
Steeve AUGOULA, directeur général et directeur de recherche

INSERM : Institut national de la santé et de la recherche médicale
Anne-Marie LAFFAYE, responsable de la Mission chercheurs (direction des ressources humaines)

Veolia Environnement (Formation)
Bernard MASINGUE, directeur de la formation du groupe Veolia

Personnalités consultées

- *Par M. Henri CATZ :*

Bernard BIGOT, haut-commissaire à l'énergie atomique

Vincent BERGER, directeur d'UFR de physique (université Paris 7)

Yves CHARRON, directeur d'école doctorale «Champs et particules» (université Paris 11)

- *Par Mme Isabelle de LAMBERTERIE :*

Tim MORTON, University of California (Riverside)

Arnold MIGUS, directeur général du CNRS

Catherine BRECHIGNAC, présidente du CNRS

Christine D'ARGOUGES, directrice des ressources humaines du CNRS

Marie-France COUREL, directrice du département des sciences humaines et sociales du CNRS

Alain RESPLANDY-BERNARD, secrétaire général du CNRS

Remerciements

- *Pour les services du ministère :*

La direction générale de la Recherche et de l'Innovation (DGRI)

La direction générale de l'Enseignement supérieur (DGES)

La direction générale des Ressources humaines (DGRH)

- *Pour le Conseil supérieur de la recherche et de la technologie :*

Le secrétariat général du Conseil, assisté par M. Boris VENON, étudiant en master 2 à l'université Paris 2 Panthéon-Assas.

Imprimé en France - JOUVE, 11, bd de Sébastopol, 75001 Paris
N° 462857J - Dépôt légal : juillet 2008